Mr. Know All

从这里，发现更宽广的世界……

Mr. Know All

小书虫读科学

Mr. Know All

十万个为什么

不可思议的狮子

《指尖上的探索》编委会 组织编写

小书虫读科学

THE BIG BOOK OF
TELL ME WHY

作家出版社

策划出品 悦读名品 **图片服务** 悦读名品 123RF

狮子是唯一的雌雄两态的猫科动物。狮子漂亮的外形、王者般的力量和梦幻般的速度完美结合，让它赢得了“万兽之王”的美誉。本书针对青少年读者设计，图文并茂地介绍了中国原本没有狮子、狮子的身体特征、狮子的生活习性、狮子的一生、狮子的种类、狮子的亲属六部分内容。阅读本书，读者可领略到狮子的种种不可思议之处。

图书在版编目（CIP）数据

不可思议的狮子 /《指尖上的探索》编委会编. --
北京：作家出版社，2015. 11
（小书虫读科学 . 十万个为什么）
ISBN 978-7-5063-8517-6

Ⅰ. ①不… Ⅱ. ①指… Ⅲ. ①狮—青少年读物
Ⅳ. ①Q959.838-49

中国版本图书馆CIP数据核字（2015）第279016号

不可思议的狮子

作　者 《指尖上的探索》编委会
责任编辑 王　炘
装帧设计 北京高高国际文化传媒
出版发行 作家出版社
社　址 北京农展馆南里10号　**邮　编** 100125
电话传真 86-10-65930756（出版发行部）
86-10-65004079（总编室）
86-10-65015116（邮购部）
E-mail:zuojia@zuojia.net.cn
http://www.haozuojia.com（作家在线）
印　刷 北京盛源印刷有限公司
成品尺寸 163×210
字　数 170千
印　张 10.5
版　次 2016年1月第1版
印　次 2016年1月第1次印刷
ISBN 978-7-5063-8517-6
定　价 29.80元

Mr. Know All

指尖上的探索 编委会

第一章　中国原本没有狮子

第二章　狮子的身体特征

第三章 狮子的生活习性

第五章 狮子的种类

第一章 中国原本没有狮子

在野外生活的动物有很多。随着时间的推移，我们对野生动物的研究越来越细致，这其中就包括狮子。虽然狮子从大自然中走进人类的视野，但是很多人并不了解它们。比如，狮子的故乡在哪里？它们主要分布在哪里？中国原本有狮子吗？这些威猛的狮子可是“草原之王”。但这个称号是怎么来的，你知道这其中的缘由吗？

那么，就让我们带着这些疑问，走近狮子，看看它们的种群现状。

1. 狮子属于什么动物

提到狮子，你会不会想到动物园里那个体形很大的动物？尤其是头部那些浓密的鬃毛，都快把自己的脑袋包进去了，看起来像不像一个“雍容”的贵族。

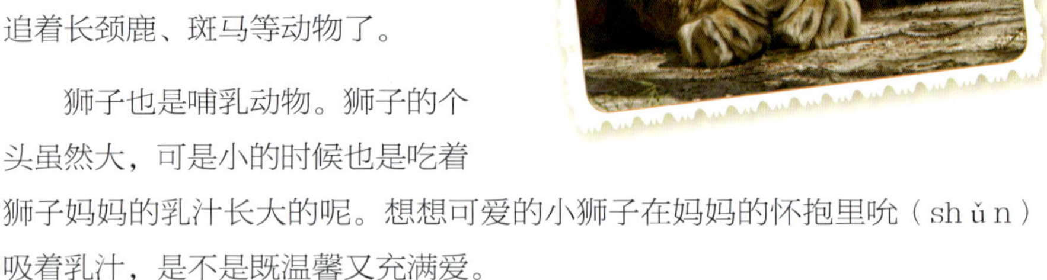

你知道在生物学上这样一种威猛的动物属于哪一种类吗？狮子当然是属于食肉类的！没错，狮子可是肉食性动物呢。在生物学上,狮子被称作食肉目动物。所以，我们也不会奇怪狮子为什么经常追着长颈鹿、斑马等动物了。

狮子也是哺乳动物。狮子的个头虽然大，可是小的时候也是吃着狮子妈妈的乳汁长大的呢。想想可爱的小狮子在妈妈的怀抱里吮（shǔn）吸着乳汁，是不是既温馨又充满爱。

除了这些,狮子和猫咪还是“亲戚”。虽然猫咪在狮子面前显得又瘦又小，怎么看都不像是一家人，但是在生物学分类上，它们都是猫科动物。还有像我们了解的老虎，也是它们的同类！

如今，在这些动物学家们的研究与观察的基础上，我们可以轻易地知道狮子的种类。所以，我们在对一个物种进行归类的时候，一定不能只从它们的外表、体形来观察，还要看它们的形态结构和发展溯（sù）源等，这样得出的结论才会具有一定的科学性。

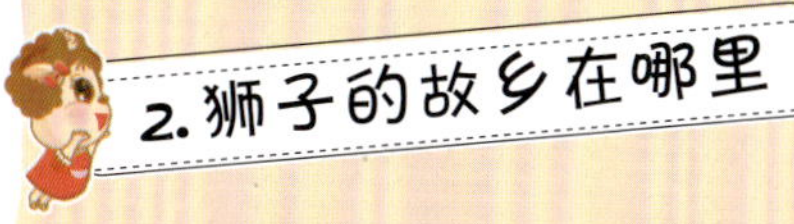

2. 狮子的故乡在哪里

如果有人问你狮子生活在哪里，你会不会脱口而出：“狮子生活在动物园里。”是的，动物园里虽然也有狮子，但那只是方便我们观赏和了解它们。狮子真正的家园可不是在动物园，而是在广袤（mào）的大草原上。

目前我们知道狮子分布最多的地方就是非洲大草原。它们成群结队，神态自若，在草原上悠闲地散步，看起来惬意极了！那么，它们是不是一直都生活在草原上呢？

其实，狮子以前的分布范围也很广泛，欧洲的东南部、中东、印度和非洲大陆，这些都是狮子安家的好地方！这就像我们为了求学或者工作，会逐渐离开自己的家乡，到外面的世界去闯荡，狮子们也会这样。但是它们不是去上学。为了更好地生存或者躲避人类的捕杀，狮子也会寻找更好的栖息地，这样才能保证种群的繁衍与生生不息！

那些生活在欧洲地区的狮子，大约在公元 1 世纪前后，由于人类活动的原因而消失在欧洲大陆上了。生活在印度的狮子得益于当地人民的信仰与保护才幸免于难，活了下来。在今天，狮子的数量和分布范围都逐渐变小了，我们更应该爱护它们。

现在你知道狮子的故乡在哪里了吧！它们比较钟情的家园还是非洲的大草原！

3. 狮子的祖先是谁

狮子安然地生活在非洲的大草原上，它们有着独特的身体结构，不像兔子那样可爱，也不像大象那么高大，但是狮子的威猛也是很了不起。你知道很久以前的狮子长什么样吗？狮子的祖先是谁呢？

狮子的祖先可不像现在的狮子一样生活在暴露的草原上，它们是有自己的小窝的！穴狮是狮子的祖先，就像它们的名字一样，穴狮是生活在洞穴里的狮子，但也有一小部分穴狮会到外面生活。和现在的狮子一样，穴狮也是肉食性动物，它们一天都离不开肉。例如那些大地獭（tǎ），还有其他的草食性动物都是它们口中的美味！

穴狮又称作欧洲穴狮或称作亚欧穴狮，从外形上看，穴狮和现在的狮子并没有太大差别，只是体形更大。我们目前已经看不到它们的踪影了。穴狮已普遍被认为是狮子中灭绝的亚种，现在只能通过一些影像或者图片资料来了解它们。在武木冰期时代，即 1 万年前，穴狮濒临灭绝，但是还是能够从一些迹象中找到它们生存的印记。直到 2000 年前，穴狮还存活在巴尔干半岛。

4. 你知道狮子的历史分布范围吗

你知道吗？很多狮子的名字就是用它们生活的地区来命名的。从古到今，历史上出现了很多种狮子，那么不同种类的狮子在历史上都分布在哪些地方呢？

研究者们对于狮子的研究很细致，他们搜集了大量的历史资料，对各种狮子的生活区域进行了系统的介绍。接下来，就让我们一起翻开世界地图，来看看狮子的家都在哪儿吧！

对比古代和现在的狮子分布地图，可以看到狮子的生活范围已经缩小了很多，狮子的数量也远远少于历史上的狮子数量。现在非洲大部分的地区都是历史上狮子的分布地区。除此之外，在非洲北面的阿拉伯半岛和印度半岛，也是历史上许多狮子的活动区域。另外，现在欧洲南部的一小部分地区，在历史上也生活着很多狮子。这样看来，历史上狮子的主要分布范围就是现在的非洲大陆及周边地区，你们知道这是为什么吗？

狮子被称为“草原之王”，因为狮子主要在草原地区活动，而非洲大陆及周边地区大都是草原气候，地面上都生长着茂密的草丛，所以狮子就选择生活在这里了。

虽然历史上的狮子分布在世界的很多地区，但是经过长期的迁徙和自然选择之后，狮子们就主要集中在非洲这片广阔的草原了，所以我们今天看到很多狮子都活跃在非洲的大草原上。

5. 狮子当前主要分布在哪些地区

狮子勇敢、威武，是速度与力量的完美结合。那你知道狮子都分布在世界上的哪些地区吗？哪些地区是它们钟爱的家园呢？

在过去，狮子走过很多的地方，像欧洲的南部、西亚、印度和非洲都有狮子的存在，是不是比我们去过的地方还要多呢？但是后来由于人类的活动而导致它们的家园遭到破坏，从而导致这些地区狮子的数量骤减。

你知道狮子现在都生活在哪里吗？狮子现在主要生活在非洲，那里有着广袤的草原。在以前，除了森林，狮子们几乎可以在所有的生态环境下生存，适应能力是不是很强。但是如今它们的生存环境缩小了很多。

如今，狮子主要生活在撒哈拉沙漠以南的地区，沙漠以北的狮子在 19 世纪 40 年代的时候就灭绝了。分布在亚洲的狮子也几乎在 20 世纪的时候全部灭绝了，只有在印度的自然公园里还存活一小部分。可以说，狮子几乎成了非洲的特产，成了非洲的特有动物。我们想要看到成群的狮子，只有到非洲的大草原上才能一睹它们威武的姿态了。

狮子虽然是很受人类欢迎的动物，但不像我们家里养的小狗那样普遍。我们不仅要善待它们，更要保护它们的生存环境。

6. 为什么称狮子为“草原之王”

我们习惯把老虎称作“百兽之王”，把狮子封为“草原之王”，那狮子到底是不是草原上的王者呢？

目前狮子主要生活在非洲的大草原上，属于群居动物，所以我们常见到的狮子都是成群地出现。在广阔的草原上，狮子成群结队地散步行走，看到这么庞大的家族，你是不是也会被它们的阵势吓到，更不要说那些胆小的动物了。像兔子等这些小动物当然不是狮子的对手了，遇到狮群就只能成为狮子口中的美食了。

其实啊，论速度和力量，狮子可能比不上丛林中的老虎，因为老虎有着卓越的跳跃能力和平衡力。但是由于狮子生活在相对平坦的草原上，所以这些能力肯定没法和老虎们相比了。但是狮子群居的属性可以帮狮子大忙呢，这在它们捕猎的时候可以显现出来。狮子非常团结，被狮子围攻的动物逃跑的机会太小了，宽阔的大草原可以让狮子尽情地发挥它们能快速奔跑的优势。这样看来，草原上有了这个团结的狮群，能不是草原上的“霸王”吗？

另外，你知道吗？狮子在草原上是没有天敌的，也就是说它们的生活很安逸。它们一般捕食其他的动物，处于食物链的顶端。你想，草原上没有什么动物可以与狮子抗衡，狮子当然可以轻松地称霸草原啦！

7.为什么中国原本没有狮子

狮子并不是我们国家的动物，而是从外国引进来的。

这要从“丝绸之路”说起了。在西汉时期，汉武帝派张骞（qiān）出使西域，从而开辟了一条连通东西方交流的丝绸之路，从此以后，双方的奇珍异宝也开始在这条路上熠熠生辉，狮子也就是在这个时候传入中国的。狮子被当作贡品进入我们的国家，我国才有了最早的狮子。

在班固的名著《汉书·西域传》中就有记载，汉朝与西域地区正常交往后，华夏大地出现了原本没有的东西，谓之“殊方异物，四面而至”，这个“异物”就包括狮子，这也说明了中国本没有狮子。在后来的很多记载中，也都有外国献狮的记录，一直到清朝康熙帝的时候，仍然有葡萄牙使臣进贡非洲狮。

虽然狮子属于舶来品，但是它们一进入我们的国家，就大受欢迎。狮子一直是中国民众崇信的对象。我们经常可以看到石狮子像和一些狮子的图片，这说明，狮子这种动物已经融进了我们的文化和生活中。

8.狮子会攻击人类吗

对于狮子这样的猛兽，我们对其产生敬畏的同时，也经常想到它们会不会主动攻击人类呢？

我们看到驯兽园里的狮子被饲养员驯养得服服帖帖的，就像一个乖巧的大玩具，但是对于野外的狮子，会不会也是这样温顺，听从人指挥呢？当然不会，动物都是有兽性的，狮子要是发起了脾气，是相当可怕的！

虽然狮子属于猛兽，但是只要我们不主动惹怒狮子，狮子一般不会主动攻击我们人类。除非在狮子极其饥饿的时候遇到了人，有可能会攻击人类；还有在狮子发情期或者孕儿期的时候，为了保护自己的“家人”，面对人类——这个它们眼中“奇怪的物种”，也可能会攻击人类。

你知道吗？狮子可是有着非常强的领地意识的，如果有人贸然闯进了它们的领地，狮子可不会轻易放过。

因此，对于狮子，我们还是多一点儿友善，少一点儿伤害，在自然环境下与狮子友好相处，不要过多地干扰它们的生活，狮子也不会对人类有太多的敌意哟！

9. 你知道狮子的生存状况吗

我们可以清楚地知道动物园里的狮子依旧在笼子里安然地生活，那你知道狮子的大家族目前的生存状况吗？

狮子虽然是自然界中的猛兽，但是它们也和我们一样会遭受灾难和疾病的折磨，所以处在野外的它们，生活也不好过。

在狮子家族中，非洲狮和亚洲狮是我们最熟悉的两种狮子。非洲狮的分布比较广泛，以前除了热带雨林地区，非洲的各个地方以及南亚和中东地区都是它们的栖息地。但是，如今它们的生活状况可没那么好了，现在只有印度的吉尔对狮子的保护比较完善，亚洲其他地方的狮子都已经消失了。狮子现在的处境也不容乐观。

除了这些，狮子还要面临人类的侵扰，虽然狮子并不会影响我们的生活，但还是会有一部分人不顾法律的禁止而去猎杀狮子，这也一度造成了非洲两个亚种的消失，亚洲狮也几乎灭绝。另外，如果亚洲狮遇到了孟加拉虎，也很容易被凶猛的孟加拉虎猎杀。

所以，我们目前最常看到的就是非洲草原上的狮子，非洲也成了狮子数量最多的地区。我们只有了解了狮子的种群现状，才能采取更好的防护措施，减少对狮子的伤害，让狮子重归自然，幸福长久地生活。

10. 狮子面临的威胁有哪些

在日常生活中，我们会面临各种各样的困难和危险，那你知道生活在大自然中的狮子都面临哪些威胁吗？它们又是如何应对的呢？

在大草原上的食物链中，狮子处于食物链的顶端，也就是说狮子是没有天敌的。虽然没有天敌，但是狮子却逃不过人类的猎杀。虽然狮子并不对我们人类造成太大的伤害，但是一些不法分子为了谋取利益，总会捕杀珍贵的狮子，这也造成狮子的数量和种类不断减少。

不过，随着我们人类对狮子采取的保护措施的增多，这些状况有了好转，但是狮子还要面临栖息地丧失和疾病的困扰。近些年，人类为了生存发展的需要，不断地占用狮子的栖息地，它们的生活空间不断被压缩，进而减少了领地内猎物的数量。

疾病是狮子的另一大威胁。1995 年的时候，在南非的克鲁格国家公园首次发现了使狮子致命的肺结核。要是狮子得了肺结核，体力就会减弱，身体也会变瘦，一般在几年内就会死亡，看来肺结核对狮子的杀伤力还真的很大！除了肺结核，还有 FIV（猫免疫缺陷病毒），这种病毒也会损伤狮子的免疫系统，对狮子造成危害。

自然界中的动物有很多，狮子也是其中一种很珍贵的动物，那你知道它们的身体特征与其他动物有什么不同之处吗？让我们一起来观察狮子的身体特征，看看雌狮和雄狮有什么差异；狮子是不是“大胃王”；我们也可以通过一些身体器官来判断狮子的年龄；狮子们如何行使自己“捕猎达人”的角色；等等。

只有详细了解狮子的身体特征，我们才会更加透彻地明白它们的生活习性和行为习惯。

第二章 狮子的身体特征

11. 雌狮和雄狮的长相有什么不同吗

狮子的性别是最好分辨的，只要看一眼它们的外表，我们就能够知道它们是雄狮还是雌狮。这里面可是有诀窍的。

狮子是唯一雌雄两态的猫科动物。什么是雌雄两态呢？这是一个生物学用语，也就是说雄性和雌性在外形上存在很明显的差异。当然啦，雄狮和雌狮就是这样的，狮子的体形很大，一般而言，雄狮要比雌狮的体形大，但是除了这些，还有一个特别重要的辨别点，那就是狮子的鬃毛了。

雄狮的脖子上有很多鬃毛，又长又多，尤其是那些生活在非洲大陆南部和北部的狮子，它们的鬃毛更发达，连背部和腹部都布满了长长的鬃毛呢，看上去就像是戴了一条大大的围脖，雄狮有了这样的“围脖”，看起来非常有威严！但是雌狮就没有这些鬃毛了，但看上去更加乖巧可爱！

通过看狮子有没有鬃毛，我们可以轻易分辨它们的性别，这个办法是不是很有效。

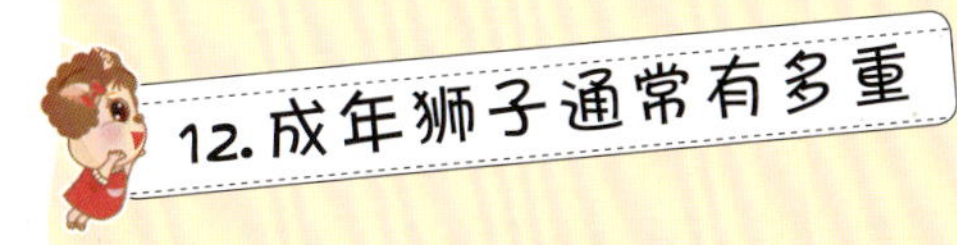

12. 成年狮子通常有多重

我们的体重会随着年龄的增长而有所变化，狮子是不是也这样呢？成年狮子的体重通常会有多重呢？

狮子是哺乳动物，在草原上它们是雄踞一方的霸主！其他的动物都是它们口中的美食。作为世界上最大的猫科动物之一，通常情况下，它们的体重能够达到 180 ~ 280 千克，是普通成年男性体重的 2 ~ 3 倍！

我们的身边会有体重超标的“小胖子”，狮子会不会也有呢？没错，在南非就有一只这样的狮子呢，它就是鬼影狮子，这只狮子保持着当代野生狮子最大的实测体重纪录，看来它应算是狮子里面的“胖子”了，体重能够达到 281 千克。

不过，不同地方狮子的体重也不尽相同。野生的亚洲狮，其体重的狩猎纪录是 308 千克；在笼子里面喂养的雄狮由于整天不运动，所以它的体重更重，最重的狮子体重可以达到 377 千克。在 1970 年的时候，就出现过一只“很胖”的圈养的狮子，它的肩高 1.4 米，全长 3.43 米，体重就有 375 千克，这相当于四五个成年男性的体重了呢。

虽然狮子的体形看起来也不是特别大，但是由于它们的饮食以及整天运动的缘故，所以狮子身上的肌肉特别多，这么强壮的身体，体重自然也就重了。我们要想有更多的肌肉，也需要加强锻炼。

13. 雄狮的鬃毛有什么作用

鬃毛是雄狮的标志，也是它们的招牌，它们的脖子周围长着又浓又密的鬃毛，威风凛凛，气宇不凡！

虽然每一只雄狮的鬃毛不完全相同，但大多数雄狮的鬃毛都长得很稠密，把狮子的脖子围得严严实实的，这些鬃毛在雄狮 1 岁半的时候就会长出来，在狮子 5 岁的时候就会完全长齐，这期间狮子鬃毛的颜色会不断地加深。

那雄狮的鬃毛到底有什么作用呢？其实，经过科学家研究发现，鬃毛是雄狮雄性魅力的展现，在吸引异性上有着举足轻重的作用，而且在一定程度上还可以威慑其他雄狮！

在研究人员制作的狮子模型中，雄狮在 10 次选择机会中有 9 次都选择了鬃毛短的狮子模型，而雌狮在 14 次接近模型的测试中，有 13 次选择了鬃毛浓密且黑亮的雄狮模型。由此看来，雄狮鬃毛的颜色、长短还有浓密程度都会影响雌狮对配偶的选择。长有壮观漂亮鬃毛的雄狮拥有出色的生存能力和强壮的体质，还可以保护好雌狮和幼狮，所以备受雌狮的青睐。鬃毛长而黑的雄狮会在狮子中间“高傲得意”，因为它们在雌狮中间更有魅力，常常能在战斗中获胜。

但是，鬃毛多了也有不好的一面。试想，夏天来临的时候，强烈的阳光照射在狮子身上，雄狮长着这么多的鬃毛，那该有多热啊！除了这些，雄狮蓬松的鬃毛也会引来捕猎者的注意。

14. 狮子的体毛有什么特殊作用

生活在大草原上的狮子，它们茶黄色的体色也可以算是自己的保护色呢，因为草原上的枯草比较多，而狮子身体的颜色跟草原周围的颜色相似，这样，从远处看的时候，狮子就不容易被发现。试想，要是狮子的体色是白色的，岂不是立即暴露了自己的行踪。所以啊，从这种程度上来说，狮子的体色也是狮子的保护色。

狮子身上的毛发比较短，毛发的颜色大部分也都是浅色的，有浅灰、黄色或者茶色的，成年雄狮还长有长长的鬃毛，这些鬃毛可以一直长到狮子的肩膀和背部。虽然夏天的时候，这让生活在非洲大草原上的狮子酷热难耐，但是没有这些毛发，狮子也会“不开心”。尤其对于雄狮来说，这些毛发可是吸引异性的法宝！在狮子中间，那些毛发很长，并且颜色很深的狮子会受到雌狮的热情欢迎，这样狮子的威信就会在周围狮子中树立起来，所以狮子当然非常重视自己的毛发啦！

看似平凡的体毛，原来对狮子来说还有这么多特殊的意义！

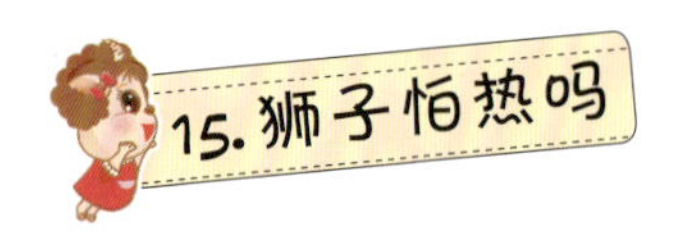

15.狮子怕热吗

当夏天到来的时候，太阳似乎要把大地给烤焦了，狮子穿着厚厚的皮毛大衣，会不会怕热呢？

众所周知，动物都有着厚厚的皮毛，尤其是雄狮，除了身上的皮毛，脖子的周围还长着浓密的鬃毛，这些鬃毛又厚又长，像是一条围脖套在狮子的脖子上一样。试想，狮子“穿”得这么厚，等到炎热的夏天来了，狮子会不会中暑呢？

其实，狮子也是挺怕热的，夏天的太阳那么毒辣，尤其是那些生活在非洲草原上的狮子，那里的温度更高，躲在屋里的我们都会出汗，别说那些太阳底下的狮子了。但是由于它们长年生活在非洲，时间久了，对温度的适应能力也提高了，所以尽管气温很高，狮子还是能够忍受的，不然早就搬家了！这就像企鹅、北极熊习惯了南北极寒冷的天气一样，狮子也逐渐习惯了非洲炎热的天气。不过，夏天的时候，狮子也会寻找有阴凉的大树来暂时躲避炙热的太阳。

夏天来了，动物园里的狮子也会燥热不安。这个时候，饲养员就要给狮子提供足够的凉水，每天给它们冲凉，洗个凉水澡就能舒服很多。由于天气炎热，狮子的食欲下降，饲养员还要在狮子的饭中添加营养元素，补充盐分。

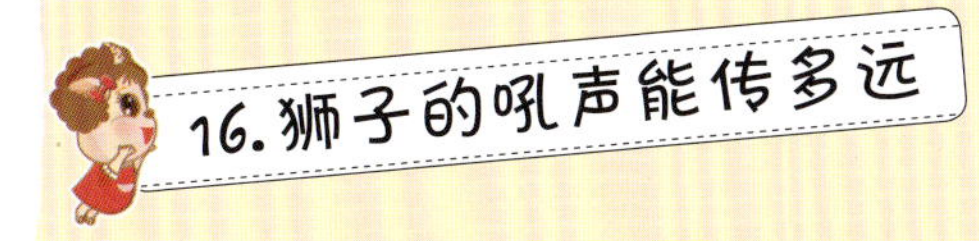

16. 狮子的吼声能传多远

动物虽然不会像人类那样说话，但是它们之间也是有交流方式的，动物的吼声就是其中的一种。比如狮子就会通过吼声来表达自己的心情，那你知道狮子的吼声能够传到多远吗？

说到狮子的吼声，你的脑海中肯定有一幅画面：一只威猛的雄狮在一个明亮的月夜下，站在山崖的边缘仰天长吼。这个时候狮子的吼声似乎要把沉睡的森林叫醒似的。其实啊，狮子的吼声是很有力量的，一般能够传 8 ~ 9 千米远，有风的时候，狮子的吼声可以借助风的力量传得更远，可以达到 10 千米远。

为什么狮子的吼声会像旋风一样，能够传那么远呢？这就跟狮子的身体结构有关了。狮子有着超强的肺活量，在吼叫之前，狮子会深吸一口气，这一口气相当于自己身体体积的三分之一。你想，那么多的空气被吸进狮子的身体里，当狮子猛地呼出去的时候，威力该有多大啊！所以啊，当狮子的吼声发出来的时候，我们会觉得声音震耳欲聋，声音自然也就传得远了。

狮子的吼声有高频的也有低频的，高频就是靠自己强大的嗓子发声，低频的声音则是从狮子的胸腔里发出的，这样的声音组合在一起就成了狮子嘹亮的吼声。不过这么远的距离都是在平坦的草原才能够达到，要是在森林中，狮子的声音可传不了那么远，因为森林里的植被有消声的作用。

看来，狮子的声音能够传播得那么远，离不开风、草原，还有自己强大的肺活量。

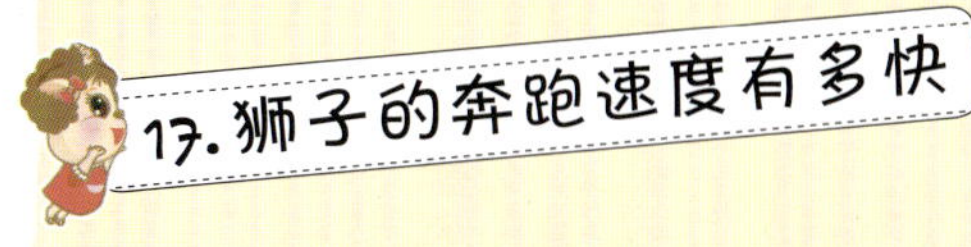

17. 狮子的奔跑速度有多快

经常在电视上看到狮子在草原上追捕猎物，它们矫健的身姿成了草原上一道美丽的风景。既然狮子和老虎、豹子一样，都是肌肉特别发达的猫科动物，那狮子跑起来有多快呢？可以与豹子、老虎相媲美吗？

一般情况下，狮子在奔跑的时候，可以达到每小时 58 千米的速度，相当于每秒可以跑出 16 米！这样看来狮子的速度是不是很快。但这还不是狮子的最快速度！在捕猎的时候，狮子还可以跑得更快，因为前面有诱人的猎物等着它。这个时候，狮子奔跑的速度可以达到每小时 80 千米！这么快的速度估计我们一眨眼，狮子就跑出我们的视线了。

为什么狮子的速度可以这么快呢？难道它们天生就是奔跑的能手吗？其实啊，狮子原来的速度并不像现在这么快，这也是它们在长期的生活中逐渐形成的。生活在广阔草原上的狮子，为了寻找食物或者躲避自然灾害，就逐渐养成了快跑的习惯，时间久了，它们的四肢就变得又细又长，全身都是肌肉，跑起来当然就很快啦！像长颈鹿这样的草食性动物，它们跑起来也很快，狮子为了能够追上它们，当然也要尽力跑啦！

所以我们现在看到，狮子的身体矫健又柔软，肌肉也很发达，跑起来能够收缩自如，尤其是在飞奔的时候，身体会被拉得很长，步子迈得也很大，这样跑起来速度当然快了。

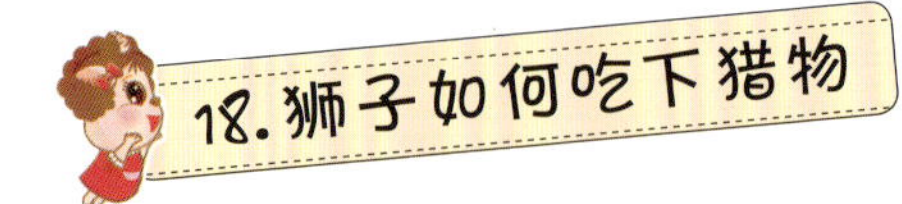

狮子的捕食对象是野猪、羚羊等这样的动物。它们的体形这么大，狮子是怎么吃这些动物的呢？

狮子捕食时，会先把猎物咬死，令猎物失去反抗能力，狮子就可以安心就餐了。进餐的时候，狮子通常会用它们尖利的牙齿把猎物的皮撕开，吃里面的肉，等到饱餐之后，它们会找个地方把剩下的食物藏起来。因为不知道下一次捕到猎物是什么时候，所以狮子会“未雨绸缪”。狮子是不是很聪明呢？

不过，要想捕捉到这样的大型猎物，一头狮子的力量往往不够，它们需要“集体”行动。

19. 狮子的饭量大吗

你知道狮子的胃口有多大吗？几头狮子通常可以围攻一头大型动物，然后把它们吃掉。整天在草原上飞奔的狮子，会不会消耗很多能量呢？吃多少食物才能填饱它们的肚子呢？

通常情况下，雄狮的胃口比较大，它们一顿能够吃上 34 千克以上的肉呢，这是不是相当于我们几天的饭量！雌狮的饭量较小，一天只吃 10 千克的肉，小狮子每天至少要吃 3 千克的肉才能不饿肚子。

要是猎物充足的话，狮子一天都会忙着捕猎。它们大部分都是在凌晨、黄昏或者晚上，趁着夜色漆黑，狮子能够隐藏自己，而且狮子凭借超强的视力和听力，可以在晚上找到远处的猎物，这样就能够轻易捕捉到猎物了。

动物学家们经过研究发现，在狮子的食谱中，大多数都是豪猪这样的中小型动物，还有一些是尚未成年的大动物。其中野牛是狮子最爱吃的动物，尤其是那些体重有 1000 千克重的雄性野牛。遇到这样的“大块头”，狮子会围攻，然后饱餐一顿。

吃饱喝足之后，狮子会躺在地上休息，就像我们的午休一样，但是这也跟狮子的饭量有关。狮子的胃口特别大，可以一次吃下相当于自己体重四分之一的食物，把自己的肚子吃得圆鼓鼓的，这样就只能躺在地上喘粗气休息啦！

狮子是不是很能吃呢？不过这跟它们的运动量有关。它们每天奔跑得那么辛苦，当然需要吃很多食物来补充能量了。

20. 狮子的舌头有什么特殊之处吗

在品尝食物的时候，舌头发挥着重要的作用，不管是甜的、咸的、辣的，还是苦的食物，只要有了舌头的品鉴，我们就能一下子知道。所以，舌头对于我们来说很有用。

那除了品尝食物的味道，狮子的舌头还有哪些作用呢？其实，我们常见的还有狮子用自己的舌头喝水。尤其是在天气热的时候，狮子就会跑到河边喝水，可是狮子不能像我们那样用手舀水喝，所以只能用舌头把水卷起来送到自己的嘴里。

狮子在杀死猎物之后，也会用到自己的舌头。杀死了猎物，狮子身上、嘴巴里都会染上猎物的鲜血，看起来多脏啊！这时候，狮子就会用舌头舔干净自己身上的血液，顺便捋顺自己的毛发，整理自己的仪容。

你知道吗？舌头还能起安抚的作用。有的时候小狮子不听话了，会在雌狮旁边哭闹，那雌狮该怎么办呢？没关系，雌狮会把小狮子搂在怀里，用自己的舌头抚慰小狮子，有了雌狮舌头温暖的安慰，小狮子可以很快安静下来。

看来，舌头没少帮狮子的忙，狮子也离不开自己功能强大的舌头。

21. 狮子的舌头上有倒刺吗

你知道吗？在狮子的舌头上分布着许多类似倒刺一样的东西。它们长在狮子的嘴巴里，这些倒刺看起来很尖细，那它们会不会伤害到狮子呢？

其实，猫科动物的舌头上都会长这些倒刺，这也是从它们的祖先那里遗传来的特殊身体结构。有了这些倒刺，猫科动物就可以灵活地吃肉。

狮子总是成群地在草原上捕捉猎物，然后把猎物舔食得干干净净，在这个过程中，倒刺就发挥了很大的作用。

大概是因为猫科动物都喜欢吃肉的缘故，它们的舌头上都长着倒刺，虽然这些倒刺看着不好看，作用还是很大的。每当狮子吃猎物的时候，这些倒刺就像是一把剔肉的刀，自动地帮狮子把肉从骨头上剥离出来。这样，狮子就可以把猎物吃得一干二净，不会浪费食物了！

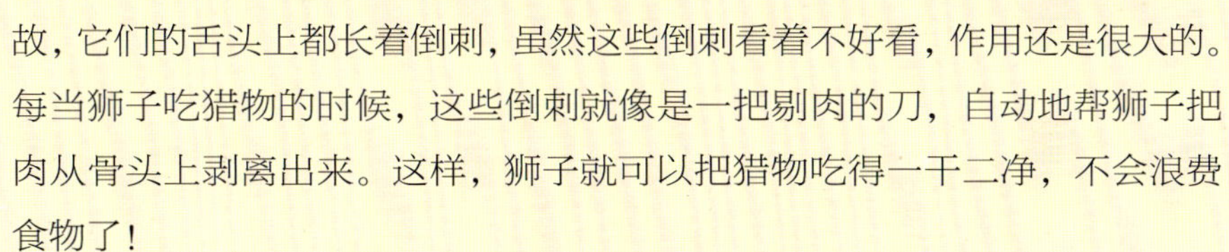

除了这个作用，平时这些倒刺也能派上用场。它们在舌头上密布着，看起来就像一把刷子。当狮子吃饱喝足、躺在草原上晒太阳的时候，就可以用这把“刷子”梳理自己的毛发，在倒刺的帮助下，狮子就可以把自己的毛发清理得很整齐、很干净。

虽然倒刺看起来不好看，可是在实际中还是很有用的。看来，动物的身体结构都是有助于动物的生存发展的。

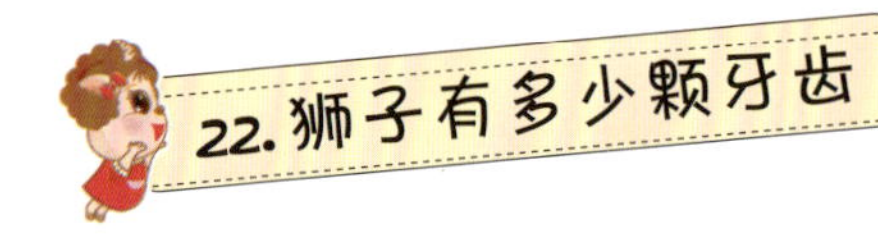

22. 狮子有多少颗牙齿

狮子捕猎的时候经常会露出锋利的牙齿，它们像尖刀一样长在狮子的嘴巴里，不禁让猎物心生恐惧，那你知道狮子长了多少颗牙齿吗？

成年之后的狮子的牙齿最强劲，通常它们有 30 颗牙齿。

当狮子打哈欠的时候，我们可以清晰地看到狮子嘴巴里面的犬齿，犬齿就是狮子门牙两边又长又尖的牙齿。在狮子 9 个月或者 11 个月大的时候，它们的上犬齿就开始发育，就像婴儿长牙一样，这也是需要一个过程的。一直到 28 个月或者 36 个月时才停止生长。等到犬齿长好了，狮子们吃肉几乎就离不开这几颗犬齿了。

门牙可是狮子的招牌，长在狮子嘴巴的正中间。狮子的六对门牙整齐地排列在狮子嘴巴的正中间，乖乖地嵌在狮子的牙槽里，看起来整齐极了。我们的牙齿都是一颗紧挨一颗生长在一起，狮子的可不是哦，狮子有齿间隙，也就是牙齿与牙齿之间有缝隙。在犬齿后面有一段间隙是没有牙齿的，过了这段间隙，才是前臼齿。在前臼齿后面就是狮子的臼齿了，臼齿长得很大，上面还有很尖的东西，所以臼齿能够很好地帮助狮子磨碎食物促进消化。

狮子的牙齿像一个分工明确的小型工厂，可以帮助狮子有条不紊地进食。

23. 狮子的牙齿有什么功用呢

当狮子怒吼的时候，你有没有注意到狮子的犬齿呢？它们像一把尖刀似的插在狮子的嘴巴里，是狮子撕裂猎物的有利工具。你知道狮子的牙齿都有什么功用吗？

狮子们一般都有 30 颗牙齿，其中犬齿有 4 颗，门牙 12 颗，还有 14 颗裂齿（包括 6 颗前臼齿和 8 颗臼齿）。这些牙齿的名称不同，分工也各不一样！每一种牙齿在狮子捕猎和进食的时候都发挥着不同的功用。

狮子那 4 颗犬齿是最厉害的牙齿，长得既粗壮又锋利，在狮子捕猎的时候可以直接插进猎物的身体里面，从而制服猎物。也难怪一些小动物看到狮子的犬齿就会吓得落荒而逃。

狮子的其他牙齿也不甘落后。狮子的门牙会在狮子撕咬食物的时候起辅助作用，你想，我们只有把动物的肉煮熟了才咬得动，而狮子可以直接咬碎生肉，那狮子的牙齿该有多锋利，牙齿的力量该有多大啊！相比其他哺乳动物，狮子的裂齿要少一些，但是发挥的功用却一点儿都不少。一般其他动物的裂齿都是用来帮助动物磨碎食物的，但狮子却用它们的裂齿来切断食物，从中我们也可以看出狮子裂齿的厉害，猫科动物的裂齿也都是这种功用。

所以说，狮子的牙齿不仅可以用来攻击猎物，还能在吃肉的时候帮助它们切断食物，真是狮子的得力助手。

24. 狮子会磨牙吗

有的时候，我们会在夜间听到一些孩子磨牙的声音，他们的牙齿似乎还在工作，发出“嘶嘶”的声音。那你知道吗？狮子可是不会磨牙的哦！

狮子也有牙齿，可是狮子为什么不会磨牙呢？这就要从狮子的身体结构说起了。不知道你有没有发现，狮子的颌部是很短的，但是可不要小瞧它呀，虽然小力量却很强大。当狮子捕猎的时候就会用自己的颌部夹紧猎物，然后使出全身的力气，那猎物就惨了，猎物的骨头很有可能被狮子强大的颌部压碎。

但是狮子为什么不会磨牙呢？因为狮子的上下颌主要是靠关节连接的，所以狮子的颌部只能上下运动，而不能左右移动。所以说，狮子是不会磨牙的，因为狮子的牙齿不可以左右移动。

要是狮子合紧它们的颌部，狮子的牙齿就会契合在一起，就像是一排排齿轮一样密切地咬合在一起。正是因为狮子不会磨牙，所以狮子在吃猎物的时候都只能撕烂或者压碎猎物，而没有办法咀嚼食物。那你会想，狮子吃食物的时候不咀嚼，万一不消化该怎么办呢？这个问题我们就不用担心了，虽然狮子吃的都是没有嚼烂的肉，但是狮子的胃液会帮助狮子消化。

看来，狮子不会磨牙还是有科学根据的。但是磨牙也不是一个好习惯，这样会伤害牙齿上面的牙釉（yòu）质！

在《动物世界》里，狮子威风凛凛地站在山头上巡视的时候，你有没有注意到狮子那撮威风的胡须呢？它们像是忠诚的护卫，在狮子鼻子的周围站岗，看着是不是很有王者风范。

这些胡须可是狮子测量外部世界的秘密武器，没有了它们，狮子走路就会失去平衡，也就没有安全感了。

狮子的胡须就像是精密的仪器，分布在狮子的鼻子、面颊，还有前脚掌的背面。这些胡须可不是随便长出来的，它们对狮子的帮助很大。要是狮子没有了这些胡须，就会影响狮子的外貌，也会削弱狮子的感知能力。

在我们看不到的胡须末端，生长着很多的感知神经，这些神经可以帮助狮子测量周围物体之间的距离。比如狮子要穿过灌木丛，这个时候胡须就要发挥作用了，通过用胡须测量灌木丛之间的距离，狮子可以知道自己的身体能不能通过。除了测量的功能，狮子的胡须还能够感知周围的环境，比如周围有没有危险，有没有猎物，这些都要靠狮子的胡须来感知。

在森林中的猫科动物的胡须更长。而生活在草原地区的狮子，它们的胡须相对来说就短一点儿了。不过，狮子的胡须虽然没有那么长，但是发挥的作用可不小。

26. 狮子的尾巴有什么作用

你知道吗？狮子都有一条像鞭子一样的尾巴，它们随着狮子的身体不断上下摆动，看起来是不是很好玩呢？

狮子的尾巴不仅是好玩，还有很大的作用。对于它们来说，平衡力特别重要，尤其是在狮子奔跑的时候，不然，没有了平衡力的狮子就会摔倒。所以啊，尾巴对狮子来说，最基本的功能就是保持平衡。不光是狮子，老虎、猫、黄牛等这些动物，它们尾巴的基本作用也都是保持身体平衡。

但是除了这个，狮子的尾巴还有一项特别的功能，那就是驱赶苍蝇！为什么狮子要驱赶苍蝇呢？这就跟狮子自身有关了。狮子在捕猎的时候为了防止猎物闻到自己身上的味道，就会往自己身上涂抹一些动物的粪便，从而掩盖自己身上的体味，这样猎物就不容易发现狮子了。这种方法虽然能帮助狮子隐藏自己，可是狮子涂那么多粪便在自己身上，这就会招来很多苍蝇，于是狮子常用尾巴来驱赶苍蝇，时间久了，尾巴就慢慢进化成苍蝇拍的形状，能够利落而轻松地赶走蚊虫。

既能保持平衡，又能驱赶蚊虫，狮子的尾巴是不是很有用。

27. 狮子的脚掌和爪子有什么特殊构造

由于动物生活方式不同，它们的脚和脚掌进化出不同的功用和样子。

狮子的脚掌是支撑狮子庞大身体的有功之臣。不管狮子是胖或是瘦，脚掌都要支撑它们行走。和其他的猫科动物一样，狮子的脚掌上也都是肉肉的脚垫。有了这些肉垫，狮子走路的时候可以不发出声音，就像是在脚掌上装了消音器一样。这样，狮子在捕猎的时候，就可以减少走路时发出的声音，悄悄地靠近猎物。

狮子爪子的构造也很特别，它们比一般动物的爪子要宽，长则有 8 厘米。和其他的猫科动物一样，狮子的前爪有 4 个脚趾在前面，1 个脚趾在比较靠后的位置，后爪有 4 个脚趾。

但是由于狮子常年在草原上生活，在进化的过程中，狮子的爪子逐渐变得没有老虎那样锋利。所以，在狮子捕猎的时候，就很有可能被大型猎物甩下来。这是因为狮子的前肢力量不够强大，爪子不能很深地嵌进动物的身体，所以捕猎的时候就不容易捉到大型动物了。

狮子的脚掌和爪子的变化和它们的生活习惯有很大的联系。你有没有想过为什么我们人类的脚是扁平的呢？要是我们的脚和猩猩的一样，那又会是怎样的呢？

在野外生活中，狮子究竟是怎么样的呢？让我们一起走近狮子，揭开它们生活的面纱，看看自然状态下的狮子到底是怎样的吧！看一下神秘的狮子都有哪些生活习性，看看它们有哪些饮食习惯，看看它们有哪些捕猎的特点，看看它们对自己的领地有什么要求，看看它们有哪些王者风范的动作，看看它们是看看它们如何进行自我保健的，看看它们如何度过那些平凡的岁月。

第三章
狮子的生活习性

28. 狮子为什么特别喜欢生活在草原上

狮子是一种适应能力很强的动物。在很久以前，除了森林，不论是在什么环境下，狮子都可以很快适应！甚至在冰川期时，狮子中的一个亚种还在中欧地区和北美洲大陆生活过，那时，狮子的身影随处可见。但是随着生态环境的变化和狮子的迁徙，狮子的生活环境逐渐缩小了。

似乎天生狮子对森林就没有太多的好感，它们从来不在森林中生活，反倒是很喜欢草原，也会偶尔出现在旱林和半沙漠中，但是最后在选择栖息地的时候，草原还是它们的最爱。大概是因为长久地生活在草原上，狮子们习惯了草原上的气候，对于当地的环境也非常了解，便于它们捕猎。而且狮子身上皮毛的颜色和草原上枯草的颜色很相近，这就能够为狮子提供一个相对安全的空间，狮子可以在草丛的掩护下悄悄接近猎物！

与狮子相反，老虎喜欢在丛林中生活，因为老虎的四肢很灵活，在森林狭小的空间里，老虎可以轻易地跳跃和转身。估计对于体形稍大的狮子来说，这些动作都比较难完成，因此生活在草原这片广阔的天地里，会更舒服！

或许，草原的广阔与奇丽，正是吸引狮子在那里生活的原因。

29. 狮子的群居生活是怎样的

狮子是典型的群居动物。狮子经常成群地出现在草原上，就像是一个大的部落，有雄狮、雌狮，还有幼狮，它们浩浩荡荡一起行走的时候，像不像人类的一个大的家族一起出游。它们或者一起散步，或者一起捕猎，看起来和谐极了！

狮群是狮子的代表特征，狮子通常是以“群”在一起生活的，许多狮子聚在一起，选出一个首领，就是这个狮群的“当家的”。不管有什么任务和信息都要听首领的指挥。一般是由雄狮担任狮群的领导，它主要负责狮群的安全，还有狩猎等等。所以啊，这个首领的地位很重要。

为什么狮子喜欢群居而不是独居呢？这跟狮子的生活环境有关。因为狮子是在广阔的大草原上生活，平坦的地形更容易让它们聚集在一起，许多狮子团结在一起当然更有利于生存，因为它们可以聚集在一起共同谋生。

除了狮子，像狼、猎狗，它们也都是群居的动物。动物们在一起生活，可以互相照应，同时它们还可以有很多小伙伴一起玩耍。

30. 一个狮群中通常会有多少狮子

关于狮群，我们可以简单地理解为部落的集合，这样的一个群体是由许多只狮子聚集在一起形成的，一般里面会有3 ~ 50只狮子。你想，狮群里有那么多只狮子，要是没有一个首领的话肯定会乱成一锅粥的。所以啊，狮群里面一般要有一个首领，这样这个首领就可以带领狮群共同捕猎和生活了。

一般狮群是由哪些狮子组成的呢？在狮群中，主要是雄狮占主导地位，雌狮又占大多数，一般它们都是互相认识或者有亲缘关系的。在一个狮群中只有一只成年的雄狮，除非是上一任的雄狮首领是两只以上，这种情况下才会有两只以上的成年雄狮，但这种情况太罕见了。除此之外，幼小的雄狮在成年之后，为了防止近亲结婚，也会慢慢被驱逐出狮群，而雌狮则会被留在群内。所以，在一个狮群中，雄狮是很少见的。

虽然一个狮群中可能有几只雄狮，但肯定会有一只是领头的。成年的雄狮也会有自己的使命，它们并不能整天和狮群待在一起，而是常年在领地周围游走，来保卫自己的领地。狮群中的首领能够当多久也取决于自己是否有足够的能力击败外敌。

狮群更像一个充满爱的集体。在狮群中生活，狮子肯定很温馨幸福。

31. 狮群中有哪些角色和分工呢

狮群就像一个大家族，里面有小狮子，还有它们的爸爸妈妈，它们安然有序地在这个群体里生活，那你知道它们都扮演着什么角色，有什么分工吗？

试想，狮群里有几十只狮子，要是没有首领，狮群肯定乱哄哄的。所以，在狮群中，首领是一个很重要的角色。这个角色通常由狮群中的雄狮担任，雄狮在打败其他的狮子之后就会顺利坐上首领的宝座，成为“狮王”。

为什么狮群中要有专门的“护卫”来保卫狮群的安全呢？虽然狮子是草原上的王者，但是依然避免不了其他的动物，比如鬣（liè）狗、豹子等的骚扰，所以保卫狮群的任务就落在狮王身上了。它会在自己的领地上巡逻，一旦发现有侵犯者就会立即杀掉它们。有了狮王的保护，狮群中的其他狮子才能安然地在草原上晒太阳、嬉戏。

除了这些角色，是不是还缺少捕猎者呢？没错，狮群也有专门的捕猎能手。它们负责狮群的食物供应。你能想到吗？狮群中捕猎的主力竟然是雌狮！因为成年的雄狮有着深色的鬃毛，这样会很容易被猎物发现，不容易获得食物，所以它们只有在对付大型猎物的时候才发挥自己的力量。雌狮主要负责捕猎，雄狮配合它们。除了捕猎，狮群中繁育后代的事情当然也靠雌狮了，它们在与雄狮交配之后就会生下小狮子，抚养小狮子成长的任务自然也落在雌狮的身上。这样看来，雌狮的贡献也很大。

狮群中的狮子各司其职，整个狮群才能安然有序地生活。

32. 狮子是怎样标记领地的

狮子会选择自己的生活地盘，狮群里的狮子们各司其职，每一只狮子都会为它们的小群体作出自己的贡献！狮子的领地很大，通常都有几十平方千米。狮子是怎么标记自己领地的主权呢？

其实，它们宣示自己领地的方法很简单。只要是自己的领地，狮子就会用自己的粪便或者尿液遍布在周围。这样，其他的动物走到这里的时候就会闻到狮子留下的气味，这些气味就是在暗示："这里是我的地盘，你们不许进来，快走开。"有了这些暗示，许多动物就会乖乖离开。

还有的时候，狮子会大声吼叫，这样的吼声会传得很远。其他动物听到了这样的声音，就会明白这片地方已经是狮子的领地。

33. 狮子会“惩罚”闯进自己领地的动物吗

狮子的领地意识那么强，万一有别的动物不小心闯进了它们的领地，狮子会怎么处理？是热情招待还会把它们轰走呢？

狮子会用自己的尿液等来标记自己的领地，这些刺激性的气味会让一些动物远远绕开，所以狮子的标记还是很起作用的。不过要是外来的动物闯进它们的领地，狮子会很生气，然后咆哮着警告它们：“请勿靠近！”这个时候小动物们肯定吓得拔腿就跑。不过要是真的有动物挑衅，狮子也不会轻易放过它们！

还有一种特殊的情况，会有外来的雄狮或者狮群中的成年雄狮，为了得到这片领地成为狮群中的首领，也会故意挑衅。所以不管这里有什么标记，它们都不会放在眼里，只管向狮王发起攻击。这时，一场恶战自然避免不了。要是外来的雄狮足够强大，能够打败狮王，那以后这里的地盘就归它管了，原来的狮王就只好落荒而逃了，有的还可能丢掉自己的性命。

对于那些闯进狮子领地的动物，要么在狮子的恐吓中逃走，要么就会与狮子进行一场搏斗！所以，小动物们还是不要招惹狮子！

34. 你知道狮群的捕食对象吗

狮子可是草原上的霸王，在草原上的食物链中，它们处于顶端，也就是说，很多动物都是狮子口中的美味。

既然狮子是肉食性动物，那它们平时都会捕捉什么动物呢？其实，狮群的捕食对象还是很广泛的，只要是动物，狮子几乎都不肯放过。像草原上常见的羚羊、狒狒（fèifèi）都是狮子常吃的食物。有时，狮群也会围攻一些体形大的动物，像大型的水牛、河马、长颈鹿等，狮群里的狮子凭借着数量多、力量大，是可以把它们撂倒在地上的。

除了这些动物，一些有蹄类的动物，如斑马、黑羚羊等，也是狮子的美餐。虽然它们会用蹄反抗，但是狮子才不怕呢。有时，狮子还会打野猪和鸵鸟的主意。总之，这些动物在狮子看来，都是可口的美食。

其实，狮子在吃的方面是不讲究的，只要有吃的，哪怕是腐烂的肉，它们也不会介意。这一点跟老虎刚好相反，老虎在食物方面特别讲究，哪怕是自己吃剩下的肉，老虎也不会再碰。而狮子，只要是能够找到的肉，它们都不会嫌弃，有时还会用武力从别的动物那里抢腐肉来吃。这样看来，狮子很贪吃的！

了解了这么多，是不是觉得狮子可真是多变，它们既可以从别的动物嘴下夺食抢来腐肉吃，也可以自己威风凛凛地捕捉大型动物，吃新鲜的食物。

35. 狮子吃草吗

从理论上讲，狮子的身体素质需要靠每天吃肉来补充能量，不然狮子哪里来那么大的力气去捕猎，在草原上飞奔呢？但实际上，狮子也会偶尔吃草。你肯定会惊讶，狮子怎么会吃草呢？其实，狮子吃草也跟它们的消化系统有关。

在长期吃肉之后，狮子的肠道里面会堆积很多小动物的骨头、毛发等东西，因为狮子的身体不能分解和消化它们，所以这些东西堆积在狮子的肠道里，就会影响狮子的食欲和消化，吃不下东西怎么会有力气。可是狮子又没有专门的医生给它们看病，那它们该怎么办呢？狮子可是有它们自己的办法，要是狮子感觉身体不适了，就会吃一些草，吃草可不是因为狮子饿了，这里面大有玄机。因为草里面含有大量的纤维素，狮子的肠道对这些草是不吸收的，所以狮子吃了草，其实是利用草中的纤维素带动肠道的蠕动，这样就能把肠道里堆积的东西全部都排出去了，身体立马就会轻松了！

看来，草虽然不是狮子的食物，但还是对狮子有很大的帮助。这种现象在自然界中并不奇怪，像老虎、狼等动物也都会吃一些草来帮助它们消化。

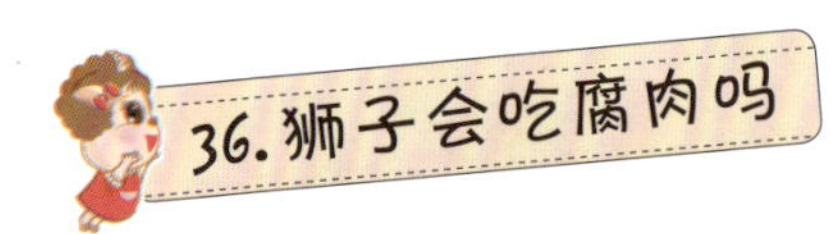

36.狮子会吃腐肉吗

腐肉，当然就是不新鲜、变质的肉了。在我们的印象中，腐肉似乎是不能吃的，这些肉是暴露在空气中经过化学反应变质了的，吃了会不利于身体健康。但是狮子似乎不会受到影响，它们对腐肉也有一番热爱。

为什么狮子会吃腐肉呢？这是因为，在非洲大陆上，气候炎热，即使是刚捕获的猎物，吃不完很快也会变成腐肉，再加上狮子的猎物比较少，所以它们也不介意把腐肉当作食物。

老虎也是猫科动物，为什么居住于丛林中的老虎不喜欢吃腐肉呢？这主要是因为森林中的动物比较多，老虎可以经常捕获到猎物，不愁没有食物，就算是吃剩下的猎物，老虎往往都不再吃了，更不用说腐肉了。

狮子吃腐肉主要是因为它们的生活环境和生活习性造成的。

37. 狮子可以长时间不进食吗

要是我们1周不吃饭不喝水，估计早就饥肠辘辘、口干舌燥了。但是你知道吗？青蛙、蛇、熊等动物，等到冬天来临的时候，它们就会长时间地不吃不喝，像是睡着了一样。狮子是不是也有这样的本领呢？狮子可以很长时间不吃饭，就是很久不喝水也能够忍受。

但是狮子的不进食和其他动物的冬眠可完全不一样。有的时候狮子可以捕捉到体形很大的猎物，这样它们就可以大吃一顿了。一只成年的雄狮要是一顿吃下了 34 千克以上的食物，那它就可以 1 周不用吃饭了，因为这么多的食物足够狮子的胃消化好久。所以，要是狮子一下子吃了这么多，那接下来的 1 周就完全可以放松休闲，等到下周再去捕猎。

既然狮子可以这么久不进食，那狮子能耐渴吗？我们都说水是生命之源，不喝水狮子怎么能受得了呢？事实上，狮子每次进完食之后都会去附近找水源来补充身体内的水分，然后再休息一下。但要是周围没有水，狮子也可以忍受的，因为狮子所食用的新鲜猎物的肉里本身就包含很多的水分。所以，狮子也可以很久不喝水。

看来，狮子的胃真是一个巨大的储藏室，可以供给狮子食物和水。

38. 狮群采用怎样的方式捕猎呢

狮子在一起生活，就像一个充满爱的大家庭，它们有着明确的分工，扮演着各自的角色，来保证这个群体的正常运转。那你知道狮群是怎么捕猎的吗？它们是单独捕猎还是一起围攻的呢？

狮子捕猎还是一个力气活。虽然狮子的体形不是特别大，但是它们却特别喜欢捕杀那些个头大的动物。像斑马、羚羊等动物经常是它们口中的美食；有的时候，狮子还会趁野猪和鸵鸟不注意，悄悄偷袭它们。只要是能够找到的肉类，狮子都不会介意，它们只有填饱了肚子才能好好地生活嘛！

狮群在捕猎的时候，都会小心翼翼地靠近目标。为了避免被猎物发现，狮子会尽可能利用一切可以遮挡自己身体的东西隐藏自己，等到离猎物特别近的时候就猛地跳起来，扑到猎物身上。通常情况下，都是雌狮扑倒在猎物身上，然后一口咬住猎物的脖子，直到猎物窒息而死。

在捕猎时，雌狮往往会形成一个包围圈，把猎物围起来，然后攻击那些慌乱的猎物。雄狮的鬃毛可能太引动物的注意，所以它们很少参与狩猎，但是在捕获大型猎物的时候也少不了它们的帮忙。

现在，是不是觉得狮子好厉害！团结起来，可以有更大的力量让它们捕捉到更多的猎物。

39. 狮子通常在什么时间捕猎

狮子经常会躺在大草原上，眼睛半睁着，显示出一副懒洋洋的样子。我们似乎也很少见狮子去捕猎，那狮子都会在什么时间出去捕猎呢？

其实和很多肉食性动物一样，狮子都会选择在夜晚的时候出去捕捉猎物。为什么狮子要在伸手不见五指的夜晚捕猎呢？其实，狮子这样做也是为了提高捕捉猎物的成功率。

狮子生活在草原上，那里都是一望无垠的野草，狮子的体形那么大，尤其是那些雄狮，还长着茂密的鬃毛，远远地就能被猎物发现。所以啊，狮子都会在夜晚捕捉猎物，而且我们不用担心狮子会在黑夜看不清路，狮子超强的夜视力会让它们轻松捕捉到猎物。

想象一下，当天色昏暗下来时，整个草原都像是蒙上了一层黑色的幕布。这样，即使是狮子庞大的身躯，也可以被黑夜隐藏。这时，狮子就开始出门活动了，它们通常都会在凌晨、黄昏或者晚上的时候出门。狮子趁着夜色，偷偷跟踪猎物，等到合适的时机再猛地扑到猎物身上，这样就可以饱餐一顿了。在夜里，要是猎物充足的话，狮子只需要 2 ~ 3 小时的狩猎就可以捕到它们所需的猎物了！

看来，狮子的捕猎还是挺讲求实效的，只要找对了时间，狮子就可以事半功倍。

40. 狮群中主要由谁负责捕食呢

狮群中有那么多狮子，你知道主要由谁负责捕食吗？你肯定会想到，雄狮是“一群之主”，当然是雄狮负责捕猎了。那你就大错特错了。在狮群中啊，捕猎可不是雄狮的职责，雌狮在捕猎中更有优势。

怎么会由雌狮负责捕猎呢？这听起来是不是有点奇怪？但是，在狮群中，的确是这样的！一方面雄狮长着夸张的鬃毛。试想，那么大的一个“围脖”套在雄狮的脖子上，肯定容易暴露自己的行踪。所以，雄狮在捕猎中处于不利的地位。其次，雄狮也有自己的分工，它们通常要在自己的领地上巡逻，防止外来侵犯者。所以啊，狮群中百分之九十的捕猎任务靠雌狮完成，但是有时候雄狮也会帮助雌狮攻击大型猎物。

雌狮的力量没有雄狮强劲，所以，雌狮们经常会一起去捕猎，这样成功的概率会高一点。在捕猎的时候，它们会集体围攻，形成一个包围圈来包围猎物。想象一下，要是猎物看到这么多狮子围攻自己，肯定吓得四腿发软，哪还有机会逃跑呢？这样的话，猎物岂不就乖乖落到狮子手里了！经过这些努力，雌狮就能为狮群谋得一顿美餐。

现在有没有觉得雌狮好辛苦呢？它们不仅要抚养小狮子，还得出去捕猎，看来雌狮一点儿也不比雄狮逊色！但是，也正是雄狮和雌狮的合理配合，才能让狮群稳定地生活。

41. 雄狮凭借什么捕猎呢

雌狮是捕猎的高手，狮群中主要是靠它们寻找和抓获猎物，难道雄狮就坐享其成了吗？是不是雄狮只负责指挥和分食猎物呢？

其实啊，雄狮也会捕猎的，只不过它们的身体较大，在捕猎的时候不利于追捕猎物，没有雌狮的身体那般灵巧。所以平时大部分时间，雄狮的任务都是在领地上巡逻，防止外敌侵犯，威慑觊觎（jì yú）它们领地的动物。有了雄狮，其他狮子才能安心在领地上吃饭、睡觉、晒太阳。所以它们是功不可没的“守卫者”。

但是，雄狮偶尔也会捕猎。由于雄狮大面积的鬃毛和较大体形的原因，它们一般不参与雌狮的集体围攻，而是在适时的时候出手相助。雌狮可以靠群体的力量捕捉到猎物，但有的时候，要是它们遇到了长颈鹿、野牛这样的大型动物，就拿它们没办法了。因为雌狮的力量比较小，这个时候就要雄狮出马了。雄狮可以凭借自己强大的力量和尖利的牙齿把这些“大块头”撂（liào）倒，然后狮群就可以品尝胜利的果实了。

所以，虽然因为较大的身体不能追逐猎物，但是它们在制服大型猎物的时候还是发挥着很大的作用的。正是雌狮和雄狮的相互配合，才能够捕捉到更多的猎物。

42. 什么样的天气更有利于狮子捕猎呢

在古代，将领在带兵打仗时，很讲究“天时地利人和”，要是这三方面的因素齐全了，在打仗的时候就会占据先机，率先取得战争的胜利。狮子在捕猎的时候，会不会也用这些计谋呢？

在野外，猎物并不是随时都能出现的，所以狮子的“口粮”也只能靠自己敏锐的视觉和灵敏的嗅觉发现。要是视野中突然蹿出来一只猎物，狮子肯定不会放过这次机会，一定会紧紧追随在猎物后面。但是你有没有想过，什么样的天气更利于狮子追踪和捕猎呢？

狮子主要生活在非洲大草原上，只要有风，就会把它们身上的气味吹向远方，这样狮子身上的味道会很容易被猎物察觉。要是猎物嗅到了狮子的体味，那狮子不就前功尽弃了嘛！所以啊，没风的天气，比较适合狮子捕猎，因为这样狮子身上的味道就不会扩散，也就不容易被猎物发现了。因此，在无风或者逆风的天气下，狮子就可以安心隐藏在猎物后面，等到合适的机会，狮子就会跳出来，把猎物扑倒在脚下。这样，一顿美食就到狮子嘴里了。

看来，风也会在狮子捕猎的时候起作用。狮子不仅要会捕猎，也要观察天气，这样才能提高它们捕猎的成功率。

43. 狮群进食时有“餐桌礼仪”吗

狮群里生活着很多狮子，这里面有统管整个狮群的首领——狮王，还有只保卫领地安全的雄狮，雌狮除了照看幼狮，还要出去打猎；幼狮没事就会跟着雌狮四处转悠，观察这个神奇的自然界。这一大家子看起来是不是很和谐。那它们之间会不会有什么礼节呢？

当我们和长辈在一个桌子上吃饭的时候，爸爸妈妈就会提醒我们，一定要等长辈动筷子之后晚辈才能开始吃饭，这个就是我们传统美德中的一个体现。其实啊，在狮群进餐的时候也有一个规矩，在雌狮捕捉到猎物之后，雄狮会直接扑过来，享用美味的猎物。这个时候，雌狮只能流着口水站在旁边，没有雄狮的允许，它们是不能和雄狮一起进食的。等到雄狮吃饱了满意地走开了，雌狮才能安心吃饭。

这就是狮群中的“餐桌礼仪”，狮子要遵循先强后弱的规矩，只有雄狮进食之后，雌狮和幼狮才能吃饭，这样才能彰显雄狮的地位。看来，自然界中的弱肉强食不仅体现在不同物种之间，就是同族动物中，强者也是处处体现自己的强势的。

44. 狮子如何进食

说起狮子吃饭啊，想象一下就会知道，狮子张开自己的大嘴巴吃东西，那该有多香啊！但是狮子不像我们人类一样，每天会有香喷喷的饭，能吃个饱，它们只有猎物充足的时候才能吃个饱，不然就得饿肚子了。

一旦狮子捕捉到猎物了，就会把这些战利品带到一个僻静的地方，避免其他动物的打扰。要是狮子比较“斯文”，就会按照一定的顺序进餐。它们通常会把猎物的下腹部剖开，先把动物的内脏吃掉，吃完内脏，就会把猎物又肥又壮的后腿吃掉，接着再吃前腿，等到这些都吃完之后，狮子也已经差不多吃饱了。这只是狮子正常的进食顺序，要是狮子好几天没有进食了，哪里还会考虑进食的顺序。

在狮子进餐的时候，据说还有一个规矩，那就是要把猎物胃里的东西掏出来，找个地方埋起来。狮子为什么要这么做，还需要人类对它们进一步探究。

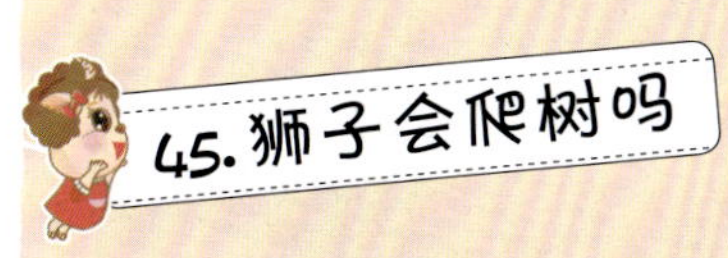

45. 狮子会爬树吗

狮子是猫科动物，像和它同科的猫、豹子等都会爬树，那狮子会不会爬树呢？

在猫科动物中，大部分动物都拥有爬树的技能，这得益于它们天生的优势和独特的身体结构。柔韧的腰身可以让它们扭动自如，在爬树的时候灵活转动身体。它们还有着锋利无比的爪子，这样的爪子除了帮助它们捕捉猎物，还可以在爬树的时候助它们一臂之力。当爪子牢牢地嵌在树上的时候，它们就可以安全地在树上活动了。

狮子也具备猫科动物的特征，但是狮子会不会爬树呢？答案肯定令你想不到，同为猫科动物的狮子竟然不会爬树，这是为什么呢？其实，狮子不能爬树跟它们的体形有关。正如我们看到的那样，狮子有着很大的身体，你想，狮子那么大的身躯，要是想爬到树上，得费多大的力气啊。所以，猫咪三两下就能爬到树上，而这对于狮子来说就有点儿难了。

再者，狮子由于常年在陆地上奔跑，爬树的机会也很少，而且狮子的猎物也主要生活在地面，狮子也就没有必要爬树锻炼身体了。正是基于这些因素，让狮子逐渐远离了树，开始在广袤的大草原上生活了。

但是，对于低矮的树木，狮子靠着强有力的后腿和巨大的冲击力，也能够爬上去。

46. 狮子擅长游泳吗

鬣狗、老虎等动物，一到炎热的夏季，它们就会迫不及待地跳到小河里游泳纳凉。在夏日，太阳会把草原炙烤得更热，在草原上生活的狮子披着一身长长的毛，会不会也选择进到水里游泳降温呢？

狮子在炎热的天气也会找凉快的地方乘凉，但是狮子通常是不会下水游泳的。这是为什么呢？难道狮子不会游泳？其实，狮子在下水后也能游泳，但是狮子一般不会轻易下水。与老虎相比，狮子的游泳技术还差得远呢，但是也有例外的情况。

在非洲有一种狮子，它们就很擅长游泳。在非洲西南部国家博茨瓦纳的奥卡万戈三角洲湿地，那里有着丰富的水资源，常年都不会断水。在这样的环境下，狮子经常在水里游泳嬉戏，游泳的技能当然很高了，所以那里的狮子被称作“泳狮”。这样看来，也并不是所有的狮子都不会游泳。

大部分的哺乳动物都会游泳，像豹子、狼、熊等，它们都会游泳，只是游泳水平高低不一，这也跟它们的生活环境有关。生活在水多地方的动物，它们的游泳技能就高一些。而狮子大多生活在草原，水源本来就很少，所以它们也不经常下水。试想，要是它们一出生就生活在一个周围都是水的环境下，估计小狮子整天也都会泡在水里，成为一名名副其实的游泳健将。

47. 狮子能直立吗

说到直立行走，你是不是想到了狮子像人类那样，可以把前肢从地上拿起来，只靠后腿的力量支撑身体呢？虽然这个动作狮子也可以做到，但狮子要是每天都这样走路的话，岂不要累死了。

狮子在地上走得好好的，怎么会突然抬起前肢直立行走呢？这可不是杂技团里的狮子，极有可能是它们在打架。这又是为什么呢？因为动物们在打斗的时候，为了占据有利的局面，狮子就会选择把前肢解放出来，重心就会提高，这样狮子在扑倒别的动物的时候就会有压倒性的优势。但是，由于狮子的后肢力量不足，所以这个姿势并不能持久，所以我们也不能经常看到它们直立行走。

是不是所有的动物都能直立行走呢？其实，动物中能直立行走的少之又少，但是它们也能偶尔直立起来展示自己健壮的身体。像我们熟悉的老虎、豹子、猴子等，我们也可以看到它们直立的样子。

因此，狮子只能偶尔将前肢解放出来，但并不能长时间直立行走。从中我们也能看出来，人类从爬行到直立行走，经历了很多磨难与艰辛。

48. 狮子为什么要吼叫

在动画片中，我们会看到很多狮子吼叫的画面，尤其是雄狮，张开大嘴，对着天空咆哮，看起来威严极了。那狮子吼叫是在表达什么意思呢？狮子都会在什么时候吼叫呢？

其实，不管是雄狮还是雌狮，它们都会吼叫，而且，狮子的吼声很有震撼力。动物学家通过观察和研究，发现了狮子吼叫的规律，通常狮子都会先发出一声又长又低沉的咕噜声，然后会有断断续续的长啸声，这就是我们听到的狮子的吼叫了。

狮子的叫声很深沉，虽然我们不能识别狮子的叫声，但是狮子可不是随意乱吼的哦，这吼声里面都有狮子要表达的意思。当狮子想要占领一片领地时候，就会在夜晚的时候大声吼叫，这种声音听起来就有挑衅的意味。

有的时候，雄狮吼叫是为了让狮群里的狮子安心，发出吼叫就像是在说："大家都放心，我们会保卫好领地的，雌狮们要哺育好幼狮，这里一切都安全呢。"但有的时候，要是狮群听到了陌生狮子吼叫声，那就可能是其他狮子前来挑衅，这个时候，雄狮就要做好防御工作。

49. 狮子会“打架”吗

生活在狮群中的狮子看起来都很和谐，彼此都很友善，但是生活中难免会有一些小摩擦，狮子之间会不会因为这些矛盾而打架呢？

答案当然是肯定的，自然界中本来就存在着物竞天择的自然规律，动物与动物之间天生就有一种捕杀与被捕杀的关系，所以在它们的一生中会有很多次的“打架”。有的时候打架是为了生存，有的时候是为了食物，狮子当然也不例外了。

狮子一般生活在狮群中，许多狮子聚集在一起，也能互相照应！要是有外敌来侵犯的时候，狮子就可以团结一致，跟敌人打一架，一展狮子的威风。

狮子除了在对付外来侵略者的时候会打架，它们自己内部也会打架！当幼小的雄狮逐渐成长为健壮的雄狮时，它们就会出去寻找自己的新领地或者通过挑战自己的首领来占有领地。为了显示自己的实力，雄狮会通过“打架”来一分胜负，赢了的狮子就会成为狮群中的领袖。

有时，挑战者在“打架”时表现得太凶猛，就有可能使老狮王在“打架”中丧失自己的性命。新来的雄狮首领为了使雌狮能一心一意跟随自己，就会伤害它的幼崽。但雌狮为了保护幼崽，也会放下昔日的“温柔”，拼命保护自己的孩子，跟雄狮打上一架。

所以，狮子打架也是很常见的，它们打架也是为了能更好地生存下去。

众所周知，我们人类有生老病死，而生活在自然界中的狮子也不例外。虽然我们对狮子的了解并不多，但是科技的进步让我们的触角越来越接近它们，同时也让我们看到狮子是如何度过一生的。

在狮子的一生当中，它们会跟人类一样“娶妻”，雌狮会在孕育一段时间之后生下狮宝宝。那你知道狮子多大的时候可以繁殖后代？它们是怎么哺育下一代的？在自然界中，狮子的成活率高吗？狮子的一生都有哪些阶段呢？狮子有天敌吗？等等，这些都是我们在这一章将要探讨的问题。

接下来，让我们将目光聚焦在狮子的一生上，看看它们是怎么走过自己的一生的。

第四章
狮子的一生

50. 狮子是怎么繁殖下一代的呢

鱼儿会排卵进行繁殖，哺乳动物则在妈妈的子宫中孕育成长。那狮子是怎么繁殖的呢？其实，狮子也是哺乳动物中的一种，所以它们是胎生动物。

由于狮子的交配期很短，而且交配的成功率也很低，所以为了确保雌狮能够受孕，有时，雄狮和雌狮一天交配的次数可以达到 100 次以上，听起来是不是很夸张。

在交配的时候，雄狮会咬雌狮的颈部，但这并不会让雌狮感觉到疼痛。你肯定会疑惑雄狮为什么要咬雌狮呢？这是因为雄狮的生殖器官上长着一个倒钩，这个倒钩是能够刺激雌狮排卵的带有刺的倒钩。交配的时候雌狮被雄狮的倒钩挂着，肯定会感到疼。雄狮为了不让雌狮乱动，就只好咬着雌狮的脖子进行安抚。而雌狮为了能够顺利排卵，繁殖下一代，就只能忍着了。

51. 雌狮怎样生育幼狮

雌狮是狮群中的重要成员，它们不仅是捕捉猎物的高手，在狮群的繁衍后代中也发挥着重要的作用，因为狮群的规模也因雌狮所生幼狮的数量、性别受到影响。

雌狮在经过前期艰难的怀孕后，经过 3 个半月的孕期，每只雌狮一般可以生下 2 ~ 4 只小狮子，多的也有达到 6 只的。

刚出生的小狮子头圆圆的，身上会带有一些斑点，尤其是腿上和腹部。但是这些斑点并不会长期存在，等到小狮子六七个月大的时候，这些斑点就会慢慢消失。不过个别的狮子可能会一直都带有这种不太清晰的斑点。

雌狮会很细心地照顾幼狮，给它们喂奶。不过，在狮群中，除了幼狮的母亲之外，狮群里其他的雌狮也会对刚出生的幼狮进行照顾，就像对待自己的孩子一样，这样狮子妈妈就可以安心出去捕猎了。

雌狮生育幼狮为狮群的繁衍、壮大提供了保障。

52. 幼狮是由多只雌狮共同喂养的吗

狮子都生活在一个庞大的狮群中，里面有雄狮、雌狮，还有可爱的幼狮。那你知道这些幼狮都是由谁喂养长大的呢？

你肯定会想，幼狮当然是在自己母亲的喂养下长大的嘛！那你就错了，幼狮可不单单只靠自己的母亲，狮群里面的很多雌狮都可能是幼狮的“妈妈”！这可是狮群里的一个很有趣的现象。

在狮群中，雌狮几乎都是同时进入婚姻状态的，也就是说，雌狮几乎都是在一个时期进行交配的。至于这里面的奥秘，还在努力研究之中。但是这样也有一个好处，那就是狮群里新出生的幼狮的年龄几乎一致，这样照顾幼狮就比较方便，因为每一只雌狮都可以给狮群里的幼狮喂奶。

有的时候，雌狮要出去捕猎，那刚出生的幼狮怎么办呢？狮群中留守的雌狮会自觉地担起照看幼狮的责任，让其他雌狮安心地出去打猎，自己则把幼狮照顾得无微不至。那些没有生育幼狮的雌狮也会帮助照顾幼狮，它们会给幼狮舔毛，与幼狮在草原上玩耍，看起来和谐极了！雌狮既能哺育孩子，也不耽误出去打猎，保证了狮群的正常秩序。

所以，可以说，幼狮是由好多只狮群里的雌狮共同喂养长大的。雌狮团结一致，互相配合，让整个狮群都充满了爱。

53.幼狮是如何进食的

其实，跟我们人类一样，幼狮刚出生的时候，牙齿还没有长齐，不能像自己的母亲那样吃猎物的肉，只能靠母亲的乳汁来填饱肚子。所以，在最初的时候，幼狮能吃的食物并不多，只能乖乖地吮吸母亲的乳汁来给身体补充营养。

等到狮子再大一点儿的时候，幼狮就可以吃肉了！通常等到幼狮长到4周的时候，雌狮就会尝试着喂幼狮吃肉，但并不是让幼狮吃大块的肉。雌狮会先把肉嚼烂，然后再把半消化的肉食回吐给幼狮，这样幼狮就能尝到肉食的美味了。

由于幼狮还在成长，身体的各个部位都没有发育成熟，所以幼狮在6个月之前，都是吃雌狮的母乳长大的。等到断奶之后，幼狮才有可能跟着雌狮出去打猎，练习捕捉猎物的技巧。

看来，幼狮和我们小时候一样，由于年纪小，没有照顾自己的能力，所以连进食都要母亲帮忙。也正是在母亲的细心哺育下，每一个小生命才慢慢长大，逐渐变得勇敢，可以自己养活自己。

54. 幼狮和成年狮有什么区别

幼狮和成年狮最大的区别，也就是我们一眼就能看出来的当然就是体形上的差别。幼狮因为年龄小，身体还没有完全发育好，所以不管是体重还是体形，都没有成年狮看起来那样壮硕。所以，幼狮幼年的时候应该多汲取营养，补充养分，促进身体的发育和生长！

由于幼狮还在成长阶段，所以不能自己去捕捉猎物，大多数情况下只能靠雌狮捉来的猎物来填饱肚子。成年狮当然不一样了，它们可以凭借自己尖利的爪子和粗壮的牙齿捕捉到猎物，为自己准备一餐美食。

我们幼年的时候，在父母的庇护下，可以无忧无虑地成长。同样，幼狮也是，它们可以在雌狮的庇护下快乐地玩耍、成长。等到长成了成年狮，尤其是雄狮，它们身上的责任就重了，因为它们要远离自己的狮群，去其他的地方建立自己的领地。或者它们可以选择挑战自己部落的首领，只有赢了的雄狮才能够在原来的狮群里待下去，成为狮群的首领。

幼狮和成年狮的区别当然不止这些了，你还想到了它们之间的哪些不同呢？不妨开动脑筋写下来吧！

55. 幼狮的成活率高吗

狮子在小的时候有着可爱的小脑袋和圆圆的大眼睛，走路的时候尾巴一摇一摆的，看起来可爱极了。但是这些可爱的幼狮能否安全长大呢？在野外的环境下，幼狮的成活率高吗？

虽然雌狮一次能生好几只幼狮，但并不是每一只幼狮都能够顺利长大，它们也要经历严格的自然环境的考验！

幼狮在小的时候都生活在狮群中，由雌狮照顾。但随着年龄的增长，它们也要学会出去打猎，不然就有可能饿肚子了。要是在幼狮出生的时候，周围的猎物比较多，那幼狮就有口福了。有了足够的食物供应，幼狮就能够顺利度过幼年时期，安全长大。相反，如果幼狮出生的时候，刚好遇到猎物变少，那么幼狮很有可能面临饿死的危机。所以在野外猎物不稳定的情况下，幼狮存活的概率很小，有 70% ~ 80% 的幼狮都活不过 2 岁，因为野外的狮子并不能随时都捕捉到猎物。

有的时候，狮群里来了新的首领，为了使原首领的配偶能够臣服于自己，新来的首领就会杀死雌狮之前生下的幼狮。这时，幼狮还没有反抗的能力，很有可能就死在了成年雄狮的手里。

这样看来，幼狮在成长的过程中，除了要受到自然环境的考验，还会受到成年雄狮的威胁。幼狮要想顺利长大真的很不容易！

56. 幼狮什么时候才能够独立捕食

幼狮就是在母亲的庇护和哺育下健康成长的。但是幼狮也不能老是在母亲的怀抱里撒娇，也要适当锻炼自己，才能成为一只独立的狮子。

我们通常认为 18 岁就是成年的年龄，这就意味着我们长大了，可以不依赖父母而靠自己的能力生活了。那狮子是不是也是这样呢？它们一般到多大的时候才可以独立捕食、养活自己呢？

其实，幼狮的成长要比人类早，当我们还在父母的身边衣来伸手、饭来张口的时候，狮子已经长大，在大自然中可以自由捕猎了。一般情况下，幼狮可以跟着母亲生活到 2 岁，但是过了 2 岁，幼狮就要考虑自己独立捕食的问题了。因为这个时候幼狮的身体已经基本发育好了，完全可以适应外面的环境了。

到了独立的年龄，幼狮就要摆脱以前依赖母亲的习惯，闲暇的时候就要跟着雌狮学习打猎，有的时候也可以随着雌狮出去打猎！因为幼狮只有在与猎物进行过交战之后，才能独立、勇敢地面对猎物，也能在以后的捕猎中更加英勇，这样它们才能掌握生存下去的技能。

虽然幼年的光阴很美好，但是狮子们总得长大，只有学会捕猎的技能，才能够在以后的环境中顺利生存。所以啊，幼狮只有尽快学会独立捕食才能养活自己。

57. 为什么有的幼狮被成年狮子杀死了

幼狮的成活率很低，有的时候幼狮不是被饿死的，而是被成年的狮子杀死的，听起来是不是很震惊呢？为什么成年的狮子要杀掉幼狮呢？

虽然听起来很不可思议，但这种情况的确会发生在狮群里。事实上，成年的狮子是不会杀掉自己的孩子的，那它们为什么要杀掉其他的幼狮呢？这就要从它们挑战首领说起了。

每一个狮群里面都会有一只雄狮首领，但是这个首领的位置也总是岌岌可危的，因为有很多雄狮也会惦记着这个位置。当首领老了或者身体受重伤的时候，就会有年轻的雄狮向它发出挑战，一般年轻的雄狮要等到6岁或者更大的时候才会有能力挑战首领。假如首领战败了的话，那它就不得不让出首领的位置，这个时候，胜利的雄狮就成了狮群的新首领。

新来的首领为了让雌狮臣服和顺从，通常都会将它前任的幼狮杀掉，这样雌狮就会乖乖地和它交配了。所以，就出现了成年的雄狮杀掉幼狮的现象。虽然这样做可以稳固自己首领的地位，但这样也不利于狮群中狮子数量的延续，很多幼狮都可能面临被成年狮子杀掉的危险。

知道了成年狮子杀掉幼狮的原因，我们就不难理解为什么会出现这样的现象了，或许这就是动物之间的生存之道吧！

58. 为什么雄狮成年之后要离家出走

雄狮在成年之后便会离家出走，那它的母亲会不会担心它的孩子呢？其实，雄狮并不是会一直待在狮群中的，等到它们成年之后就会离开狮群，到其他的地方去。那你知道为什么雄狮成年之后要离家出走吗？难道它们跟其他的雄狮闹别扭了吗？

雄狮离家出走是为了寻找自己的新生活。幼狮在雌狮的庇护下顺利度过了幼年，那么成年之后，它们就要考虑自己的前途了。对于雌狮来说，它们一般不用离家出走，大部分的雌狮长大之后都会留在原来的狮群中，但是雄狮就不一样了。

成年的雄狮是不允许留在原来的狮群中的，因为它们会影响狮群原有的结构，也会被狮群中其他的狮子强制赶走。除非它们有足够的能力可以挑战狮群的首领，否则它们就必须选择离家出走，到一个更远的地方建立自己的领地，和草原上其他的狮子组成一个新的狮群。

看来，成年雄狮的离家出走并不是它们在“赌气”，而是一次成长之后的“独立宣言”！雄狮只有离开家人的怀抱，到外面的世界闯荡一番，才能够历练成为一只成熟的雄狮。

59. 狮子什么时候可以寻找配偶

在狮子的生活中，它们必须等到身体发育成熟之后才能寻找自己的配偶。那狮子几岁的时候才可以寻找配偶呢？

狮子的生长发育是很快的，雌狮的身体发育要比雄狮发育得快一些。要想等到性成熟，雌狮 2 ～ 3 岁就可以了，但是雄狮要慢一点儿，它们通常要长到 5 ～ 6 岁才能够发育成熟。

也就是说，雌狮在 2 ～ 3 岁的时候就可以寻找自己的配偶了，但是雄狮则要等到 5 ～ 6 岁才可以寻找自己的意中人！雄狮在狮群中的地位挺高的，它们守护着整个狮群的安全。但并不是所有的雌狮都愿意和雄狮进行交配。所以，雌狮在寻找自己配偶的时候会特别“挑剔”，必须经过精挑细选，才会下定决心跟雄狮交配！

狮子只有在自己的身体发育成熟之后，才能挑选配偶。虽然这要经历一个时间过程，但是只有遵循了自然发展规律，才能促进狮子的正常交配和繁衍后代。

60. 狮子的寿命有多长

狮子可以活到20岁，但也只有雌狮可以活这么久，因为雌狮生活在狮群里，受到的威胁比较小，拥有一个相对安稳的生活环境。大部分的雌狮可以在没有威胁的狮群里安享晚年，它们一般都能活到15 ~ 18岁。

但雄狮就不同了，它们面临的危险多一些，因为雄狮在生活的过程中，往往会被一些年轻的狮子杀死或者驱逐，被驱逐出去的雄狮没有了狮群的庇护，自己很难捕捉到猎物，所以它们很有可能会饿死在草原上。再加上自然环境有的时候会相当恶劣，这使得雄狮的寿命并不长，一般雄狮的寿命不会超过12岁。

野外的狮子由于受到环境的影响，肯定要面临很多潜在的风险，比如猎物的充裕度、外来狮群的挑衅等诸多不确定因素，所以它们的寿命也不会很长。但是有的地方的狮子就可以活很久，那就是动物园里的狮子了！生活在动物园里的狮子不必面临这些危险，吃喝不愁，而且不用在野外遭受一些风雨的折磨，所以它们的生活条件要好很多，活的时间自然就长了，有记载，有的狮子可以活到34岁。

通过以上知识的了解，你是不是也觉得，生活条件好一点儿的狮子活得时间也久一点儿呢？但是，狮子还是应该在自然环境中生活，适应自然法则，那里才是它们的家。

61. 狮子有天敌吗

要说狮子的天敌，人类算不算呢？在以前，由于对狮子的保护意识不强，所以对狮子造成了很大的伤害。随着人类生活空间的扩大，使得狮子的栖息地不断被压缩。再加上一些不法分子对狮子的捕杀，造成狮子的数量不断减少，人类似乎成了狮子最大的敌人。但是随着人类环境保护意识的提高，人们逐渐认识到了保护狮子的重要性，也就慢慢展开了对狮子的保护。

可究竟什么是天敌呢？天敌就是在对方食谱里占有比较大的比例时，才能够称对方为天敌。

在自然界中，狮子有天敌吗？按照生物学上的食物链来说，狮子是没有天敌的。因为在非洲的大草原上，狮子就处于食物链的顶端，像羚羊、野牛等动物，都是狮子经常捕捉的猎物。在草原上，只有狮子捕捉猎物的份儿，而没有其他动物敢欺负狮子！

这样看来，生活在草原上的狮子就是草原上的霸主。它们团结成一个狮群，各司其职，在自己的岗位上保卫着自己的家园，也难怪其他的动物不敢轻易侵犯狮子的地盘。

《动物世界》是很多人都喜欢的节目，在节目里，我们可以看到各种各样生活中不常见到的动物。正是这些动物种类的多样性构成了我们这个丰富多彩的世界。狮子当然也不例外，它们也有很多种类。

你知道世界上有多少种狮子吗？难道只有非洲才有狮子吗？这些狮子有什么共同特点呢？它们都有浓密的长发吗？哪种狮子是狮子家族中的王者呢？这些疑问都是我们进一步认识狮子需要解决的问题。

兴趣是最好的老师，我们只有保持一颗好奇心，才能对陌生的领域有更多的了解。就让我们一起探究狮子的种类，丰富自己的知识吧！

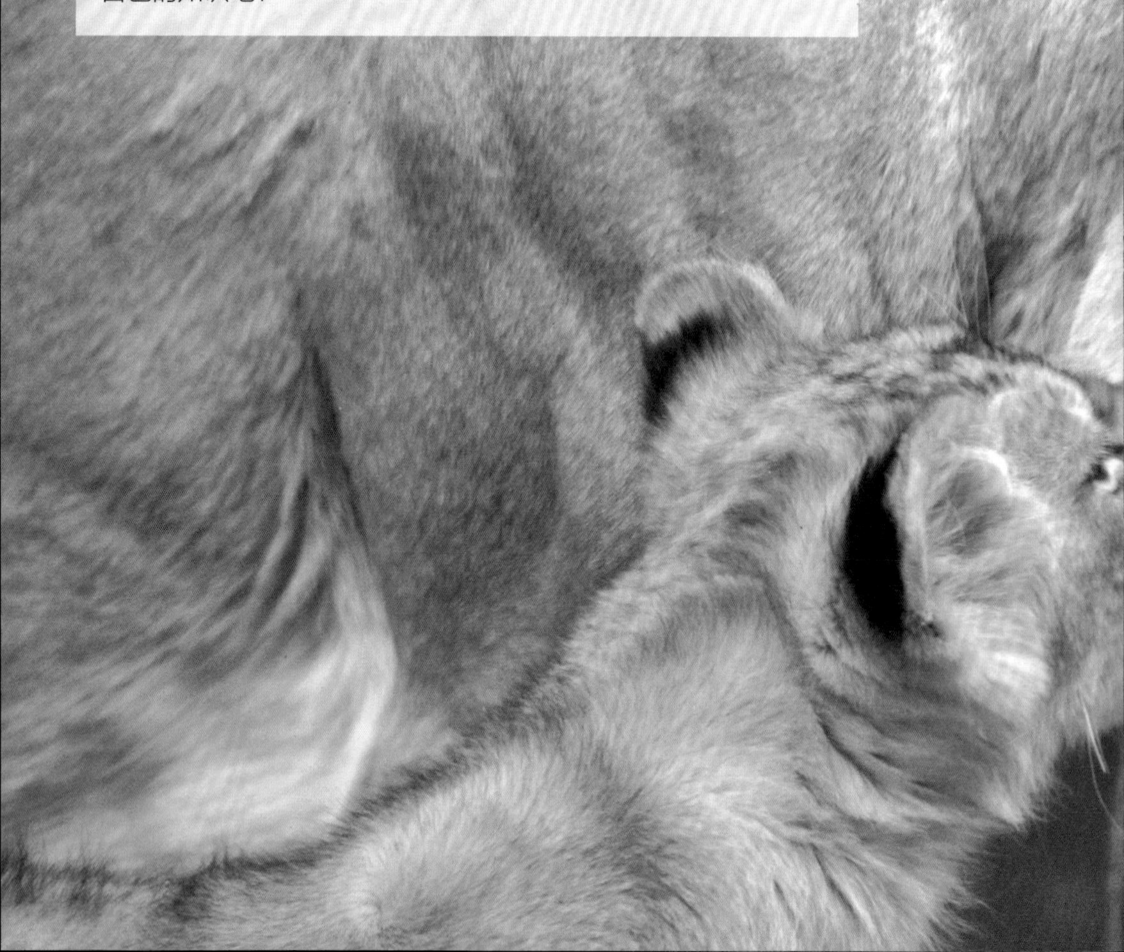

第五章 狮子的种类

62. 世界上有多少种狮子

经调查，全世界范围内大概有13 ~ 14种狮子，分布在世界上的很多地区，所以，并不是只有非洲才有狮子！像欧洲狮、亚洲狮等，都是以它们主要的生活地区来命名的。刚果可以算是一个狮子王国，这里生活着各种各样的狮子。

除了这些狮子之外，德兰士瓦狮、阿特拉斯山脉斑点狮、马赛狮、开普狮、塞内加尔狮、卡拉哈里狮等也是狮子的重要种类。巴巴里狮，我们也会叫它北非狮，其他的狮子也会有别名，但遗憾的是，很多种类的狮子都已经灭绝了，也就是说我们再也看不到它们的真面目了。这其中既有自然选择的原因，也有因人类对它们的生态环境的破坏和捕杀的原因。

为了对现有的狮子进行保护，我们要从小培养保护动物的意识。保持动物的多样性，这样，我们人类才能更好地生存，我们的生活也会更加丰富多彩！

63. 哪些狮子已经灭绝了呢

欧洲狮就是狮子中灭绝的一个亚种，它们又叫作希腊狮。但是关于它们亚种的归属还存在争议，有的观点认为欧洲狮是亚洲狮的一部分，有的则认为它们是一个独立的亚种。这类狮子生活在地中海附近，平时会捕捉野牛、麋（mí）鹿之类的有蹄类的动物。在著名的《荷马史诗》中，就有对于欧洲狮的描述！但由于人们的过度猎杀，欧洲狮很早就灭绝了。

开普狮也是我们再也见不到的亚种。开普狮因为早期生活在非洲南部的好望角，所以又叫好望角狮，后来主要分布在南非的开普省。关于开普狮灭绝的时间有很多版本，比如在 1858 年灭绝，在 1865 年灭绝等，但最终的结果都是我们再也看不到开普狮了。

最后一只野外的巴巴里狮 1922 年的时候在阿特拉斯山脉被人射杀，从此野外的巴巴里狮就灭绝了。但是还有一些血统不纯正的巴巴里狮在动物园或者马戏团里存活着。巴巴里狮是狮子中体重最重的一个亚种，雄狮有 180 ~ 272 千克，雌狮的体重能达到 130 ~ 180 千克。

可惜的是，这些狮子到底长什么样，我们只能通过一些图片或者影像资料来了解了。

64. 刚果狮可以在水中捕猎吗

在我们的印象中，狮子都是奔跑在草原上的凶猛动物，它们当然也是在草原上捕猎啦！但是我们有时也会看到狮子在水中捕猎。

刚果狮是狮子家族中的一个很重要的种类，这种狮子可不仅仅生活在刚果哦！它们主要分布在赞比亚、津巴布韦、刚果民主共和国、纳米比亚和博茨瓦纳等非洲国家。刚果狮的生活习性很特别，它们是游泳高手，经常在水中捕食猎物。那你知道是什么原因造成了刚果狮这种奇特的习性呢？

这首先要从它们栖息地的气候说起，刚果狮主要生活在南半球的亚热带地区，这里每年都会有 250 ~ 1500 毫米的降水量，有明显的雨季和旱季的区别。在旱季的时候，刚果狮可以在陆地上捕猎，但是当雨季来临，这个地区就会有暴雨和洪涝灾害的来袭。为了生存,刚果狮不得不在水中捕猎，在长期的进化中，刚果狮也就拥有了这样的奇特功能。

除了环境的原因，刚果狮的身体结构也给了它们水中捕猎的优势。刚果狮四肢强壮，可以抵挡水下的压力；它们的脚掌也比较宽大，就像一只小桨，可以方便地划水。另外，刚果狮的尾巴比其他狮子的略长，既可以在水下保持平衡，也可以作为一个游泳的助推器。

再告诉你一个小秘密，刚果狮的尾巴尖有一簇深色的长毛，就像《狮子王》中的辛巴一样，是不是很可爱呢？

65. 安哥拉狮生活在安哥拉吗

生活在大自然中的动物多种多样、千奇百怪，为了区分每一种动物中的不同品种，人们经常会用地名来为动物命名，很多狮子的名字就是这么来的。看到“安哥拉狮”这个名字，你是不是一下子就想到了安哥拉呢？安哥拉狮是不是就生活在安哥拉呢？

安哥拉是非洲西南部的一个国家，它位于高原之上，是一个海拔很高的国家。非洲拥有非常丰富的资源，安哥拉也不例外，这里有着丰富的石油资源，也拥有世界上较多的钻石资源和森林资源，是一个有丰富宝藏的国家。

安哥拉狮多数都生活在安哥拉，这也是它们叫这个名字的原因。但是，安哥拉狮在其他国家也有分布，比如，安哥拉附近的赞比亚、津巴布韦等国家。

在自然的进化中，狮子这种动物虽然长得都差不多，但是每种狮子都有自己的特征。和其他狮子相比，安哥拉狮的脸形比较宽，就像我们常说的“国”字脸一样。除了这个特点，安哥拉狮的尾巴末端还有一个毛茸茸的圆球，千万不要小瞧这个圆球，这个圆球看上去就像一团茸毛，实际上却是坚硬的骨头！这就像一个威力巨大的流星锤，可以给它的对手很大的打击。

66. 斑点狮真的有斑点吗

大自然是最神奇的母亲，它能孕育出不同相貌的孩子。我们在《动物世界》中经常看到高大漂亮的斑马和帅气矫健的金钱豹，它们身上清晰的纹理和斑点是它们特有的装饰。可是有一种狮子也长着斑点，你知道是什么狮子吗？

斑点狮是狮子种族中一个非常特别的物种，在世界范围内都相当稀少。1904 年，非洲的土著人最先发现了斑点狮。1931 年，肯尼亚的一个农民击毙了两只斑点狮，这也是斑点狮在历史上的最后一次露面。目前，在世界上已经没有存活的斑点狮，而只有一些标本了。

斑点狮生活在海拔 3000 米左右的山地草原上，是一种体形较小的狮子。有了之前的经验，你也能猜到，斑点狮的名字一定和斑点有关，斑点狮的斑点是不是像金钱豹一样布满全身呢？

虽然叫斑点狮，但是它们的斑点只分布在两个肩膀和大腿上，和金钱豹的斑点有很大的不同！而且斑点狮的斑点很小，最大的斑点直径也只有 4.5 厘米左右。只有幼年狮子的身上才会有很多像金钱豹一样的斑点，但当它们长大后也会逐渐消失。

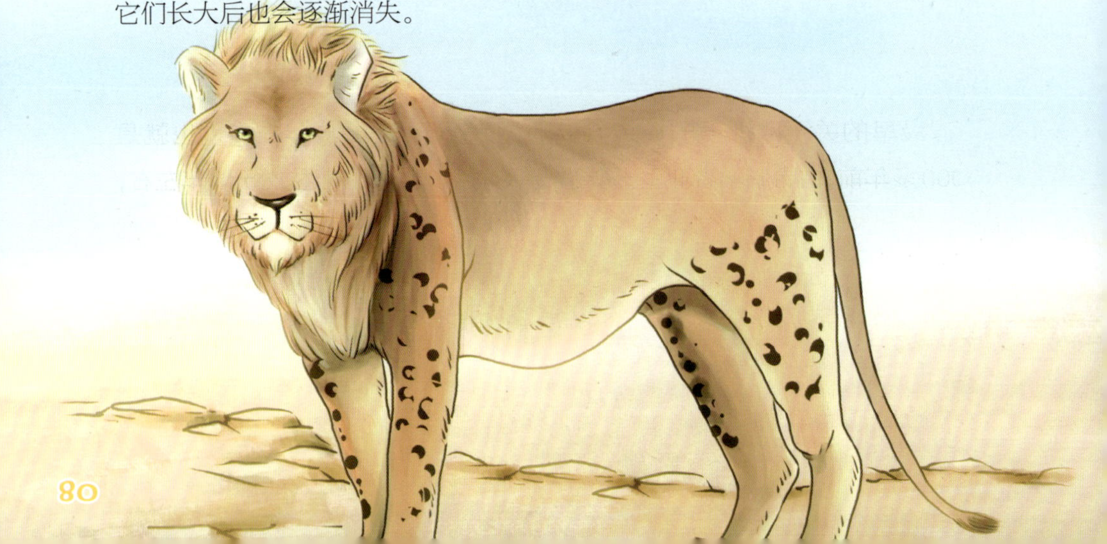

67. 欧洲狮就是希腊狮吗

在自然万物中，人类算是一个年轻的物种，狮子要比人类出现得更早。很久很久以前，在现在的欧洲南部，生活着很多狮子，它们在草原上称霸，是动物世界的强者之一。

在古代，这种生活在欧洲南部的狮子通常被称为希腊狮。因为古希腊的钱币上就有这种狮子的头像，而且在古代社会，古希腊文明是一种具有高度代表性的文明，所以我们就用希腊的国名为狮子命名。现在，有了欧洲大陆的概念后，这种狮子通常就被称为欧洲狮，所以欧洲狮也就是希腊狮，它们只是不同时期的两个名字而已。

有学者认为，欧洲狮是亚洲狮的一个分支。很久很久以前，在巴尔干半岛、意大利、希腊等地区，都生活着欧洲狮。后来，人类闯入了欧洲狮的生活，由于捕杀严重，欧洲狮最终灭绝了，现在世界上只有一些关于欧洲狮的文字记载。

最早的关于欧洲狮的描述可以追溯到公元前 1000 年左右，也就是 3000 多年前，古希腊学者亚里士多德最早对狮子进行了描述。公元 1 年左右，欧洲狮在西欧灭绝了，100 年后，东欧也没有了欧洲狮的踪迹。

欧洲狮在古希腊和古罗马时期经常被用来在斗兽场决斗，虽然凶猛的它们具有很浓厚的象征意义，但是它们已经消失在了历史的长河中。

68. 哪些狮子生活在肯尼亚

非洲大草原是很多动物生活的天堂。肯尼亚是一个非常重要的非洲国家，同时也是一个野生动物的王国。在肯尼亚，仅仅是狮子就有很多种。肯尼亚到底有多少种狮子呢？它们互相不会影响吗？

说到肯尼亚的狮子，首先想到的就是肯尼亚狮，这种狮子就是因为生活在肯尼亚而得名的。这种狮子多数分布在维多利亚湖西北部，也就是肯尼亚西部的索蒂克附近。在肯尼亚高达 5000 米的高山上，也曾经发现过肯尼亚狮，能在这么高的地方生存可是很了不起的。

除了肯尼亚狮，也有一些东非狮、北非狮、亚洲狮等生活在肯尼亚。由于它们生活的地区不太一样，分布比较分散，所以它们不会影响彼此的生活，可以和平相处。

肯尼亚这个动物王国现在也面临困境，由于人类的介入，很多野生动物都失去了生活的环境。2009 年的时候，肯尼亚各类狮子的总数已经不足 2800 只，比 10 年前下降了 1 万多只。在今后，这个动物王国很可能就会失去狮子这种生物，这会不会让我们痛心呢？

我们生活的世界是一个整体，其中的一个环节发生了变化，整个世界就会发生很大的变化。假如狮子真的灭绝了，对人类的生活也会产生影响。爱护它们，就是爱护我们人类自己。

69. 你听说过喀麦隆狮吗

在非洲，有一个非常重要的国家，它就是喀麦隆。喀麦隆有很多特产，包括好吃的香蕉和味道浓郁的咖啡，以及铁矿石和木材等重要的矿石材料和石油等能源。而且，喀麦隆的地形丰富多样，被誉为“小非洲”，所以，喀麦隆就成了非洲一个非常具有代表性的国家。喀麦隆狮就是以喀麦隆命名的。

喀麦隆狮主要生活在喀麦隆的约科和萨那加河的上游地区，所以，这种狮子在很早之前就被命名成喀麦隆狮。雄性的喀麦隆狮眼神很犀利，表情也很威严，它们的毛发也很旺盛，从头上一直到肩膀都有长长的鬃毛，很有王者的风范！

喀麦隆狮最大的特点就是它们下颌的短胡子和长触须都是白色的，这可是区别它们的重要标志！这种白色的胡须也让喀麦隆狮多了一种成熟、稳重的感觉，让人心生敬畏！

和多数肉食动物一样，喀麦隆狮也喜欢在夜晚觅食。它们的食谱也很丰富，陆地上的羚羊、大象、河马、兔子等都是它们的美食，而水里的鱼类也是它们喜欢的食物之一。

70. 南非狮主要生活在哪里呢

很多狮子都是依据其所生活的地方来命名的，按照这个规律来说，南非狮就是生活在南非喽？那事实究竟是不是这样呢？

南非是非洲重要的狮子分布地区，南非狮主要聚集在南非的克鲁格国家公园，所以南非狮又叫克鲁格狮。现存的南非狮的数量大概有 2000 多只。狮子和老虎都是大型猫科动物，除了我们常说的东北虎以外，南非狮已经算是现存的体形比较大的猫科动物了，它们的体重平均在 180 ~ 350 千克。

以前，南非狮的数量是很庞大的，分布的范围也很广，但是现在，它们只能生活在国家公园里，真正生活在野外的南非狮已经非常稀少了。它们数量减少的最主要原因就是人类的干扰。近几十年来，为了防止南非狮对人类的牲畜造成伤害，生活在南非的人们对南非狮进行了大量的捕杀。而且，他们猎杀的多数都是雌性南非狮，所以整个南非狮的种族繁衍都受到了影响。

除此之外，结核等传染性疾病也是造成南非狮数量大减的另一个主要原因。野牛身上带有病原，而南非狮非常喜欢吃野牛，那么食用了野牛的南非狮就会受到感染，染上疾病的南非狮就很有可能会病死，所以南非狮的数量也在不断下降。

看来，南非狮虽然现在受到了保护，但是它们的生存状况依然不容乐观。

71. 地球上曾经存在的体形最大的狮子是谁

虽然现在地球上的物种仍然有很多，但是在历史的长河中，有很多物种都已经因为各种原因而灭绝了，狮子家族也是如此。很多狮子都在历史上存在过，但是也慢慢地消失了，有的留下了化石，有的则什么都没有留下。地球上曾经存在的体形最大的狮子是什么狮子呢？它们为什么灭亡了呢？

你听说过穴狮吗？穴狮也是狮子中非常古老的一种，它们可以说是狮子的祖先，是远古时期住在洞穴里的肉食性动物，所以也叫作穴狮。它们多数时候都捕食同样住在洞里的大地獭、其他草食性动物等，有时也会走出洞穴捕食其他大型动物。

穴狮又被叫作欧亚穴狮或者欧洲穴狮，因为它们曾经生活的地区主要集中在欧洲和亚洲地区。人类在古代曾经留下各种形式的艺术品，其中有很多就是以穴狮为主要表现内容的艺术品。根据穴狮留下的一些化石推断，穴狮应该是曾经存在的体形最大的狮子。

穴狮作为狮子的祖先，存在了很长的时间。但是，大约在 1 万年前，穴狮就从地球上消失了。可是，凡事总有例外，现在的一些迹象表明，2000 年前，在现在的巴尔干半岛还有穴狮的活动踪迹。而且，1985 年，有人在德国发现了一只成年穴狮。现在地球上是否还有穴狮？目前还没有准确的说法，这就需要深入探究了。

72. 马赛狮就是东非狮吗

马赛狮是狮子的一个亚种，马赛狮又叫作东非狮，它们基本上是相同的。这种狮子分布在乌干达、坦桑尼亚、肯尼亚、索马里等国家，是非洲最大的狮子种群。同时，因为数量比较多、分布范围比较广，它们也成为人类捕捉的主要狮种。在动物园供游客观赏、马戏团里为观众表演的多数都是这种狮子。

马赛狮也是狮子种族中比较帅气的，雄性马赛狮拥有夸张的长满鬃毛的大头。在狮子的审美体系中，雄狮的头越大、鬃毛越茂盛，这个雄狮就越帅气。马赛雄狮的鬃毛常常都能达到腿部，夸张的头部既能吸引雌狮的注意，也能对其他雄狮和其他动物产生一定的威慑作用。

鼻子很长很高，鼻头是黑色的，这是马赛狮的主要特征。马赛狮的耳朵是圆形的。圆形的耳朵加上可爱的黑色鼻子，看起来是不是很可爱呢？

在马赛狮的种群里，有一个非常好的传统，那就是雌狮间的相互协作。在它们的家族中，每只幼狮都是雌狮的孩子，每只雌狮也是任何一只幼狮的母亲。也就是说，当一些雌狮外出觅食时，留守的雌狮就会变成妈妈，照顾好所有的幼狮。这种团结协作的方式，也是马赛狮可以成为最大的狮子种群的一个重要原因。

73. 哪种狮子曾经生活在地球的最南端

狮子的生活范围很广泛，活动的足迹也遍布世界的很多地方。在历史中，很多地方都曾经留下过狮子的脚印。那你知道哪种狮子曾经生活在地球最南端呢？

在很久以前，有一种狮子曾经生活在南非的开普敦地区，它们被人们称作开普狮，又因为这个地区靠近好望角，所以这种狮子又被称为好望角狮。这种狮子就是世界上曾经存在的生活在地球最南端的狮子，而现在这种狮子已经灭绝了。

开普狮和其他狮子的生活习性相差不多，它们是世界上体形第二大的狮子，它们的食物主要是大型的食草动物，如长颈鹿、羚羊等，但是一些年老的开普狮会偷袭人类饲养的牲畜，有时甚至会偷袭人类。

由于开普狮的皮毛当时很值钱，很多当地人就捕杀狮子，用它们的皮毛换钱。开普狮有时也会偷吃当地人饲养的牲畜，人们会因为复仇而猎杀狮子。加上开普狮的数量本来就不多，又因种种原因遭到捕杀，种群的数量越来越少，直到灭绝。

74. 生活在维多利亚湖北岸的是什么狮子

在东非高原上，有一个湖，它有着一个非常动人的名字，叫作维多利亚湖，这个湖主要分布在乌干达和坦桑尼亚两国境内，是非洲最大的湖泊和最重要的水源地之一。同时，这个湖泊也是世界上第二大的淡水湖，在世界上都有很高的知名度。

在维多利亚湖的西北部，生活着一种非常著名的狮子，它们就是肯尼亚狮。为什么这种狮子会生活在维多利亚湖的西北部呢？这跟当地的环境有很大关系。

维多利亚湖的北岸地形比较平坦，湖岸线比较长，而且，维多利亚湖充足的淡水资源很好地调节了沿岸的生活环境，所以这里分布着种类繁多的动植物，形成了一个非常丰富的食物链。生活在这里的狮子就不用为食物发愁了。

维多利亚湖是用英国的维多利亚女王的名字命名的湖，很多人将它称为是“世界上最美丽的地方”。这里环境适宜，空气清新，物种丰富，人与野生动物的冲突不明显，整体看起来也比较和谐。肯尼亚狮生活在这里自然很悠闲了。

75. 亚洲狮是印度的“圣物”吗

亚洲狮是亚洲分布最多的狮子品种，同时也是现存的唯一生活在非洲之外的狮子，亚洲狮只分布在印度范围内，所以又叫印度狮。亚洲狮的体形比非洲狮小一些，但是在亚洲，它却是大型猫科动物中的一种。这种狮子在亚洲有着大约10万年的生存历史，在历史上扮演着十分重要的角色。

佛教起源于印度。在印度，狮子常常与宗教和王权紧密相连。在印度的梵语里，狮子的含义是“僧伽彼”，也就是“众僧”的意思。而且，狮子也是佛祖释迦牟尼的象征。

关于狮子，在印度还有一个美丽的传说。2000 多年前，印度孔雀王朝的阿育王为了维护国家的安定，决定宣扬宽容、非暴力、尊重和包容生命的思想，而他的做法，就是在石柱上刻上狮子的形象，所以，狮子在印度的文化中代表的是正面的意义。一直到今天，印度国徽上的图案仍然是阿育王石柱上的亚洲狮，从这个意义上来说，亚洲狮也是印度的“圣物”。

76. 罗斯福狮和罗斯福有关系吗

罗斯福狮主要生活在埃塞俄比亚，所以，它们又被叫作埃塞俄比亚狮和阿比西尼亚狮。它们也是非洲一种非常重要的狮子种族，罗斯福狮的鬃毛比其他狮子更深，有的则是黑色的，非常威风！在埃塞俄比亚历史上的一些战役里，战士们有时都会披上狮子皮上战场，希望借助狮子的威风取得战争的胜利，从中可见罗斯福狮的重要地位！

埃塞俄比亚币

至于罗斯福狮这个名字的由来，确实和美国总统罗斯福有关，这其中还有一个很有意思的历史故事。在第二次世界大战中，埃塞俄比亚是一个遭受了深重灾难的国家，它经历了战火和政权的更换，有着一段非常苦难的历史。第二次世界大战后期，埃塞俄比亚需要恢复国力。1942 年，美国当时的总统罗斯福在 12 月 10 日宣布埃塞俄比亚适用于租借法案援助的范围。从这以后，埃塞俄比亚得到了美国、英国等西方强国各方面的支持，同时也得到了联合国的资助，国力得到了迅速的恢复，为后来的发展奠定了重要的基础。

在埃塞俄比亚，狮子代表着勇气和其他很多美好的东西，而在这个国家濒临灭亡的时刻，时任美国总统的罗斯福伸出援手，就像一个福星，所以他们就以罗斯福的名字为埃塞俄比亚狮命名，表明罗斯福对自己国家的重要意义！

77. 目前西非狮还有多少只

非洲可以被称为是“狮子的王国”，带有非洲字样的狮子就有非洲狮、东非狮、北非狮和西非狮等。但是现在，这些狮子都已经越来越少了，有的种类已经灭绝了。而重要的西非狮，也所剩不多，谁也不知道西非狮会不会有一天也要灭绝。

很多喜爱动物、喜爱狮子的人用自己的一生来研究狮子。一些研究西非狮的人发现，现在世界上可以搜寻到的西非狮只剩下20只左右，是非常容易灭绝的物种，而且多数只分布在国家公园里。

在动物界里，因为狮子有威风的鬃毛和能传到八九千米之外的吼声，所以狮子一直以来都被看成是“百兽之王”。但是人类早期自认为是地球的主人，所以对于狮子缺乏最起码的尊重和保护。

16世纪开始，人类踏上了非洲这片大陆，那时的人以捕猎为生，猎杀狮子自然就成为了一项非常重要的活动。由于当时的人类没有保护狮子的意识，许多成年的狮子被猎杀，一些幼狮也惨遭杀戮。长久以来的猎杀，导致狮子的数量急剧减少，最终导致很多狮子灭绝。

很多狮子已经灭绝，留下的仅仅是化石，西非狮还有一些生存于世，并没有完全消失。现在的我们已经知道保护动物的重要性，希望在我们人类的努力下，西非狮可以维持生存，逃离灭绝的结局。

78. 索马里有狮子吗

狮子有很多个亚种，其中就有一个亚种是索马里狮。和世界上其他的狮子相似，索马里狮的处境也很艰难，随时都可能灭绝。其他狮子的毛色多是黑色或者褐色，索马里狮的毛色比较特殊，它们有着一身偏红的体色和长长鬃毛，配上瘦弱干练的身材，还真的很像是海盗，有一种令人害怕的感觉。

索马里狮减少的原因和其他狮子大致相同，它们没有索马里海盗那么厉害，没有抵挡住人类的猎杀和环境的变迁，数量也在一天天地减少。

但是值得庆幸的是，现在的人们都已经知道了保护动物的重要性。索马里西北部地区有一位政府官员在自己的私人花园里饲养了 7 只索马里狮，为保护动物贡献了自己的一份力量。人们纷纷对他的做法表示敬佩和支持，但是狮子毕竟是属于大自然的，饲养狮子终究不是一个好的方法。

索马里狮在野外的生活比较艰难，其他狮子也是一样。要解决这个问题，不仅仅是减少捕猎，还要从生态环境的角度采取措施，所以，保护狮子的行动还需要我们每个人的积极参与。

79. 穴狮还活着吗

你对前面提到过的穴狮还有印象吗？你知道世界上还有穴狮存在吗？穴狮活着的话会生活在哪里呢？

穴狮是现代狮子的祖先，也是世界上曾经存在的体形最大的狮子。在很久很久以前，穴狮主要生活在洞穴里，连捕食都要在洞穴附近，所以我们就称之为穴狮。后来，穴狮逐渐发展分化成了现在的很多种狮子。

如果仅从科学研究的角度来看，在科学证据和数据分析的基础上，可以推断，穴狮1万年前就濒临灭绝。可是，根据史料的记载，在2000年前，有人在巴尔干半岛发现了穴狮的活动痕迹。1985年，还有人在德国发现了一只成年穴狮。

穴狮的存在与否还是一个扑朔迷离的问题，穴狮到底是灭绝了还是存在于地球上，动物学家们还没有得出定论。

80. 卡拉哈里狮生活在沙漠吗

非洲是世界上狮子最多的大洲，除了狮子，非洲很著名的还有沙漠。在非洲的沙漠，气候一般很干旱。

生命是顽强的，无论什么地形和环境，总会有生命的存在。沙漠虽然炎热缺水、环境恶劣，但是依然有很多植物，比如仙人掌等。还有一些动物也生活在沙漠里。但是，你知道狮子也能在沙漠里生存吗？

在南非的卡拉哈里沙漠中，就生存着一种狮子，叫作卡拉哈里狮，听起来是不是有些神奇呢？卡拉哈里狮和其他狮子最大的区别，就是它们有更加厚实的鬃毛。你可能疑惑，沙漠里那么炎热，狮子那么厚实的鬃毛会不会闷呢？

其实，卡拉哈里狮的鬃毛和骆驼厚实的长毛是一个道理，都是为了隔热和防止水分蒸发的。而且，在长期的进化中，为了减少它们对水分和食物的需求，卡拉哈里狮的骨骼和身材比一般的狮子要小。

一般的狮子都要捕食大型的猎物，但是对于卡拉哈里狮来说，就没有这种口福了。因为沙漠里的动物种类是有限的，所以卡拉哈里狮的食谱也是非常简单的。它们经常捕食的多数都是小型的鼠类和大型的骆驼等，偶尔，它们也会幸运地捕捉到奔跑速度很快的鸵鸟。

81. 真的有白狮子吗

在人类现在的审美体系中，白色多数时候代表的都是纯洁和干净，代表光明和无邪，代表的都是一切美好的事物，所以人类追求各种白色。比如，人们希望自己的皮肤白一些，希望自己结婚时穿上洁白的婚纱和礼服等。可是你知道吗？世界上也有白色的狮子哦！它们和其他狮子有什么不同呢？为什么会有不同的毛色呢？

白色的狮子经常出现在童话和历史中，现在，世界上也存在着一部分白色的狮子。它们是因为某种原因，发生了基因变异，导致自己的毛色发生了变化。但是其他方面，比如习性、饮食和身体结构等都没有明显的不同。

白色狮子的数量并不多，通常生活在南非低地草原 300 平方千米的地域内，是一种比普通狮子更加稀有的动物。

由于它们的颜色迎合了人类的审美偏向，所以和一般的狮子相比，白狮子更受人类的欢迎。很多白狮子受到世界各地的邀请到处表演，让人们欣赏。还有另外一种白色的狮子，是由于白化病造成的，这种狮子的数量更少，所以基本不单独拿来研究。

在生活中，除了爸爸妈妈以外，我们的身边还有很多亲人，比如爷爷奶奶、外公外婆等。除了他们，我们还会从父母口中听说“远亲”这个词，远亲就是血缘关系和我们比较远的亲属。我们每个人都有很多亲属，那狮子是不是也有很多不同的亲属呢？它们的亲属和它们长得像吗？狮子的亲属是怎么去不同的地方闯荡的呢？

有了这些想法，你可能就会问，老虎、狮子和豹是不是亲属呢？它们有什么相同点和不同点呢？狮子和老虎打架的话，谁会更厉害？让我们带着这些疑问，一起来看看狮子都有哪些亲属吧！

第六章 狮子的亲属

82. 狮子的亲戚都有谁

狮子在分类上属于猫科豹属，在这个范围内，就有好多动物亲戚。如我们熟知的老虎。由于生活习性的不同，老虎主要生活在森林中，而狮子则主要分布在非洲草原上。

豹也是狮子的亲戚。豹和狮子一样，它们都是速度和力量的化身，但是在实际的奔跑和捕猎中，豹更胜一筹！因为豹的体形是四种豹属动物中最小的，所以豹在活动的时候特别敏捷，奔跑的时候速度也非常快，优美的身体线条也像是一道美丽的风景线。

美洲虎又叫美洲豹，但它们既不属于虎也不属于豹，就是一种生活在美洲的肉食性动物！它们的体形、花纹、形状介于老虎和豹之间，算是美洲大陆上最大的猫科动物了。

除了这些，狮虎兽、虎狮兽、狮狮虎兽等动物，它们都是狮子的亲戚。

83. 美洲虎和狮子中谁的咬合力更强

狮子属于猫科动物，和老虎、豹子等都是同一科的。多数猫科动物都是肉食性动物，它们捕食的时候都很凶猛。可是凡事都有一个强弱之分，咬合力是测量动物中捕食功能和凶猛程度的一个重要指标。咬合力越大，证明这种动物咬猎物时的力气越大，捕食功能和凶猛程度就更强。

在猫科动物中，通过现代的科学仪器检测不同动物的咬合力，得到了一个关于咬合力的排名。作为狮子的远亲，美洲虎从各种猫科动物中脱颖而出，成为了咬合力最强猫科动物。它们咬猎物时，咬合力可以达到 1250 磅，也就是 567 千克左右，一般动物的肉和骨骼都禁不住这么大的力气！

而狮子的平均咬合力要比美洲虎低，只有 1000 磅左右，大概是 453 千克，但是在猫科动物的排行中也可以排到前几位，仅次于排名第一的美洲虎和排名第二的老虎。

强大的咬合力让凶猛的肉食性动物可以有更强大的力量在残酷的自然界生存。动物园里的猛兽，虽然它们的行动受到了限制，但是它们的咬合力还是很强大的。所以你去动物园看狮子、老虎等猛兽时，要听管理员的话，千万不要把手伸到笼子里，以免被伤到！

VS

84. 老虎和狮子谁更擅长捕猎

在动物界食物链的顶端，有两种动物是我们所熟悉的，它们就是狮子和老虎。关于狮子和老虎谁才是“百兽之王”的问题，也是大家一直讨论的。那么，这两种动物之王到底谁更厉害？谁更擅长捕猎呢？

说到这个问题，我们就要分不同的情况来说。老虎和狮子虽然都是猫科动物，是一家，但是它们的生活习性相差很大。老虎多数生活在森林中，所以常常被称为“森林之王”；狮子经常在草原上生活，是人们认为的“草原之王”。

老虎是人们常说的“独行侠”，它们喜欢独来独往，“一山不容二虎”说的就是老虎的这种习性。老虎比较灵活，适合在森林里追逐跳跃，所以单独捕猎时老虎更厉害。古罗马的斗兽场就曾经把老虎和狮子放在一起进行打斗，几乎每次比赛都是老虎胜出，有时甚至是一招制胜。

而说起团结协作，狮子就是动物界的典范。草原比较广阔，适合集体作战，捕猎时，狮子们通常都是团结协作，共同分享胜利成果。

世界上没有完美的事物，所以，要说谁更擅长捕猎，还要分情况来说。老虎是单打独斗的王者，狮子则更擅长团队协作。这也告诉我们，凡事都要从多个角度考虑。

85. 豹和狮子是一家吗

动物的分类有严格的科学体系，通常按照“界门纲目科属种”的顺序来区分不同的动物。从这个角度来说，豹和狮子都是猫科动物，并且狮子也可以归于豹属。所以，它们可以说是一家或者是近亲。

但是从其他角度来说，豹和狮子还是有很多不同的。首先，它们的长相就不太相同，狮子通常都有长长的鬃毛，而豹通常没有鬃毛；其次，豹还有一个名字是“金钱豹”，就是因为它们的身上有金钱状的花纹，而狮子身上通常没有花纹，只有斑点狮身

狮子

上才有一些斑点。这些长相的区别是豹和狮子的主要区别。

从生活的习性来看，狮子是群居动物，经常是一大群狮子一起浩浩荡荡地行动；而豹和老虎相似，通常都是单独行动，这同样也是豹和狮子的区别之一。

虽然它们有一些差别，但是总体来说它们还是可以归为一家，至少它们是非常近的亲属，所以，“狮子就是一只大豹子”的说法也是有道理的！

豹

86.猎豹和谁的亲属关系更近

猎豹

豹属一共有4种大型的猫科动物，老虎、狮子和豹是其中三种。猎豹是豹的一种，和老虎、狮子一样，属于猫科豹属。猎豹也是一种非常凶猛的大型食肉动物，它和狮子、老虎都是亲属。猎豹长得和金钱豹类似，都有修长的身材和漂亮的长尾巴，它们最突出的特点就是眼睛下面的两道泪痕，每当眨眼睛时，这两道泪痕让猎豹显得也很可爱。

猎豹身上有很多老虎和狮子的特点，所以，如果要比它和谁的亲属关系更近的话，还要具体从不同的角度说起。从生活习性来说，猎豹和老虎一样，一般喜欢独来独往，这是它们相似的习性。从它们的长相来看，老虎和猎豹的身上都有花纹，而且，它们都没有狮子那样夸张的鬃毛。从生活习性和长相的角度来看，猎豹和老虎的亲属关系更近。

但是从生活的地区来看，老虎基本上只生活在亚洲地区，而狮子和猎豹生活的范围比较广阔。而且，它们的生活范围基本上是重合的，一般在有狮子生存的草原上，差不多也会有猎豹。所以从生活地域上来看的话，猎豹和狮子的亲属关系更近。

总体来说，猎豹具有老虎和狮子的很多优势特点，可能这也是它们智商比较高的原因吧！

狮子

87. 云豹和狮子的亲属关系是否更近

中国所在的亚洲是一个物种非常丰富的国家，你听说过亚洲有一种豹叫作云豹的吗？这种豹的毛皮很漂亮，有云朵一样的花纹，它们只生活在亚洲的东南部，在中国主要分布在台湾和秦岭以南的南方地区。

云豹是豹的一种，也是猫科豹属的动物，和狮子有一定的亲属关系，但是亲属关系不是非常明显。

狮子主要生活在非洲和其他地区的一些草原地带，而云豹是亚洲东南部的独有品种，它们的生活地区相差很大，而且，它们的长相几乎没有相同点。云豹和狮子的距离非常远，几乎没有相见的机会，所以说它们即使有一定的相似性，也仅仅是远亲，而不是非常近的血缘关系。

虽然它们的亲属关系不近，但是它们的遭遇非常相似。它们都是比较漂亮的大型动物，狮子因为其威严和霸气的外表，导致了人们对它皮毛的向往和猎杀狮子的成就感，导致了狮子数量的大量下降。

云豹同样也是，因为它们身上的云朵状的花纹非常漂亮，皮毛价格昂贵，有一些贪图钱财的人就打起了它们的主意，导致了对云豹的大量捕杀。现在，云豹的数量也不多了。

所以，云豹和狮子的亲属关系较远。如果要说云豹的近亲，中国的华南虎可能和云豹有非常近的亲属关系。

88. 你知道狮虎兽是怎么一回事吗

在自然界中，动物之间的繁育是动物生存发展的唯一途径。但是有些时候，同一个区域的某些动物的数量达不到繁育后代的要求，这就导致了很多不同种动物之间发生繁育。

不同动物的繁育虽然不是同种动物的完全传承，但是却为动物的继续发展提供了一种新的可能性，同时也丰富了世界动物的多样性。

老虎和狮子是近亲，如果同一片区域上的同种动物的数量达不到繁育的要求，它们之间会不会繁育后代呢？你听说过狮虎兽吗？

狮虎兽就是狮子和老虎交配之后产下的动物，这种动物是雄狮和雌虎繁育出的后代。如果是雄虎和雌狮繁育的后代，则被叫作虎狮兽。这种动物最开始是在人类的饲养下繁育的。

狮虎兽是猫科豹属动物中体形最大的，它们继承了狮子和老虎的很多优点，它们爱游泳、喜欢在广阔的地方生存，有老虎身上的斑纹，却没有狮子夸张的鬃毛。但是它们的成活率非常低，而且寿命很短，所以现在世界上的狮虎兽和虎狮兽一共才有 1000 只左右。狮虎兽是一种非常稀有的动物，同时也是自然界神奇的创造！

互动问答
Mr. Know All

001.狮子属于什么目的动物？

A.食肉目
B.啮齿目
C.灵长目

002.下列哪种动物是哺乳动物？

A.鱼
B.乌龟
C.狮子

003.下列哪种动物不是狮子的“亲戚”？

A.猫咪
B.狗熊
C.老虎

004.下列哪一项的说法是错误？

A.狮子是食草动物
B.小狮子是吃狮子妈妈的乳汁长大的
C.雄狮有着浓密的鬃毛

005.狮子为什么会“搬家”呢？

A.为了晒太阳
B.为了寻找食物
C.寻找更好的栖息地

006.在欧洲，还有生活在野外的狮子吗？

A.没有了
B.还有

007.下列哪一项的说法是错误的？

A.目前欧洲的东南部已经没有狮子分布了
B.印度的狮子被保护下来了
C.目前狮子的数量不多，我们应该保护它们

008.狮子的祖先是谁？

A.猫
B.穴狮
C.老虎

009.穴狮是肉食性动物吗？

A.是
B.不是

010.下列哪一项的说法是错误的？

A.我们可以通过真实的穴狮来研究它们
B.穴狮生活在洞穴里
C.大地獭是穴狮的美味

011.下列哪个地方不是古代狮子的主要生活区域？

A.非洲

B.澳大利亚

C.印度半岛

012.狮子喜欢什么样的气候？

A.季风气候

B.热带气候

C.草原气候

013.下列哪一项的说法是错误的？

A.狮子的数量比以前减少了很多

B.如今狮子主要生活在欧洲地区

C.狮子喜欢在草原上活动

014.下列哪种环境不适合狮子生存？

A.森林

B.草原

C.半沙漠

015.下列哪一项描述的是狮子现在的生存状态？

A.生活在水下

B.生存环境变小了

C.生活于沙漠

016.狮子是哪里的“特产”？

A.亚洲

B.欧洲

C.非洲

017.下列哪一项的说法是错误的？

A.狮子的数量可以与小狗媲美

B.在过去，欧洲的南部、西亚、印度和非洲都有狮子的身影

C.我们在保护狮子的同时，更要保护它们的生存环境

018.谁是“草原之王”？

A.老虎

B.狮子

019.狮子是什么动物？

A.独居

B.群居

020.狮子在草原上有天敌吗？

A.没有

B.有

021.狮子适合生活在什么样的环境？

A.宽阔的草原
B.崎岖的山林
C.海洋

022.清朝康熙帝的时候，葡萄牙人进贡的是什么狮子？

A.亚洲狮
B.石狮子
C.非洲狮

023.下列哪一项的说法是错误的？

A.中国人民不能与狮子和平相处
B.狮子是中国引进来的
C.狮子在文化交流中起的作用很大

024.狮子曾经是中国民众崇信的对象吗？

A.是
B.不是

025.下列哪一项不属于狮子攻击人类的情况？

A.处于饥饿状态
B.处于发情期
C.在高兴的时候

026.狮子有领地意识吗？

A.没有
B.有

027.下列哪一项的说法是错误的？

A.狮子喜欢攻击人类
B.只要人类不惹怒狮子，狮子是不会主动攻击人类的
C.人类应当与狮子和睦相处

028.狮子的种群现状如何？

A.很好
B.不容乐观
C.已经灭绝

029.亚洲只有哪个地方有狮子？

A.中国
B.尼泊尔
C.印度

030.狮子会面临什么威胁？

A.人类的猎杀
B.种群内部斗争
C.气候

031.下列哪一项的说法是错误的？

A.凶猛的孟加拉虎会伤害狮子
B.非洲狮是非洲的特产
C.非洲是目前狮子分布数量最少的地区

032.狮子处在食物链的哪个层次？

A.中间
B.顶端
C.末端

033.下列哪一项属于狮子面临的威胁？

A.人类捕杀
B.自然死亡
C.种群内斗

034.在哪一年首次发现了狮子的肺结核？

A.2008 年
B.1800 年
C.1995 年

035.狮子是雌雄两态的动物吗？

A.是
B.不是

036.下列哪一项不属于雌雄两态的动物？

A.狮子
B.鸡
C.兔子

037.下列哪一地区狮子的鬃毛更发达？

A.亚洲
B.非洲大陆南北两端的狮子
C.欧洲

038.成年狮子的体重通常是多少？

A.180 ~ 280 千克
B.500 千克
C.100 千克左右

039.下列哪只狮子保持着当代野生狮子最大的实测体重纪录？

A.笼子里的狮子
B.鬼影狮子
C.亚洲狮

040.为什么笼子里的狮子体重更重？

A.运动少
B.遗传
C.吃得多

041.下列哪一项的说法是错误的？

A.有的狮子的体重相当于四五个成年男性的体重

B.狮子的食物主要是肉类

C.狮子身上都是脂肪

042.狮子在几岁的时候鬃毛会长齐？

A.5 岁

B.1 岁半

C.10 岁

043.狮子的鬃毛有什么作用？

A.避暑

B.吸引异性

C.防蚊虫叮咬

044.下列哪种雄狮更能吸引雌狮？

A.鬃毛短的

B.鬃毛颜色浅的

C.鬃毛又浓又黑的

045.下列哪一项的说法是错误的？

A.鬃毛长而黑的雄狮常常能在战斗中获胜

B.雄狮的鬃毛也有可能引来捕猎者的注意

C.雄狮的鬃毛很完美

046.狮子的体色可以保护自己吗？

A.不可以

B.可以

047.狮子的毛发是什么颜色的？

A.茶黄色

B.红色

C.黑色

048.狮子的毛发有什么特殊作用？

A.防止蚊虫叮咬

B.吸引异性

049.下列哪一项的说法是错误的？

A.狮子的体色可以保护自己

B.狮子的鬃毛很短

C.毛发是雄狮吸引异性的法宝

050.狮子怕热吗？

A.怕

B.不怕

051.为什么狮子们不搬家呢？

A.太懒了

B.没有新家可搬

C.习惯了生活的环境

052.动物园里的狮子怎样避暑？

A.冲凉水澡

B.睡觉

C.待在树荫下

053.下列哪一项的说法是错误的？

A.狮子很怕热

B.夏天狮子的胃口大增

C.夏天的时候，狮子也会寻找阴凉的地方避暑

054.狮子的吼声能传多远？

A.2 千米

B.9 千米

C.20 千米

055.什么情况下，狮子的吼声可以传得更远？

A.在峡谷中

B.在森林里

C.有风的时候

056.为什么狮子的吼声可以传得很远？

A.强大的肺活量

B.吃得多

C.狮子的喉部软骨很发达

057.狮子的低频声音是从狮子的哪里发出的？

A.嗓子里

B.胸腔

C.胃里

058.狮子一般的奔跑速度是多少千米每小时？

A.16

B.58

C.100

059.狮子为什么要奔跑？

A.为了锻炼身体

B.为了寻求配偶

C.捕猎

060.狮子的肌肉发达吗？

A.不发达

B.很发达

C.狮子没有肌肉

061.下列哪一项的说法是错误的？

A.狮子的奔跑速度很快

B.狮子能够在我们一眨眼间跑出我们的视线

C.狮子飞奔的时候，身体会萎缩在一起

062.狮子会先怎么对付猎物？

A.放走猎物
B.咬死猎物

063.狮子是如何进食的？

A.连皮带肉一起吃
B.先撕开动物的皮，然后吃肉

064.狮子吃自己剩下的肉吗？

A.吃
B.不吃

065.下列哪一项的说法是错误的？

A.狮子通常集体捕猎
B.尾巴是狮子分解食物的好帮手
C.狮子会存储食物

066.狮子最爱吃的动物是什么？

A.豪猪
B.羚羊
C.野牛

067.狮子的胃能够装下相当于自己体重多少的食物？

A.1/4
B.1/2
C.1/10

068.下列哪一项的说法是错误的？

A.狮子的运动量大，吃得也多
B.狮子吃饱之后就会运动
C.小狮子一天至少吃 3 千克肉

069.狮子用什么喝水？

A.爪子
B.舌头

070.如果狮子身上脏了会怎么办？

A.不理会
B.在地上蹭干净
C.用舌头舔干净

071.狮子的舌头还有什么作用？

A.抚慰小狮子
B.赶苍蝇

072.狮子舌头上的倒刺有下列哪种作用？

A.装饰
B.便于咬死猎物
C.帮助狮子吃肉

073.狮子舌头上的倒刺还有下列哪种作用？

A.清理毛发

B.吹口哨

C.卷舌头

074.下列哪一项的说法是错误的？

A.动物的舌头上都有倒刺

B.狮子舌头上的倒刺很有用

C.狮子的倒刺像一把刷子

075.狮子有多少颗牙齿？

A.30 颗

B.28 颗

C.35 颗

076.下列哪种牙齿是狮子没有的？

A.臼齿

B.犬齿

C.智齿

077.狮子有齿间隙吗？

A.有

B.没有

078.下列哪一项的说法是错误的？

A.狮子的犬齿在狮子 9 个月或者 11 个月大的时候开始发育

B.狮子的臼齿很小

C.狮子的门牙很整齐

079.狮子的哪种牙齿最厉害？

A.门牙

B.裂齿

C.犬齿

080.狮子的牙齿都有什么用？

A.保护口腔

B.攻击猎物

C.威吓对手

081.狮子的侧牙主要是干什么的？

A.磨碎食物

B.只是装饰

C.切断食物

082.下列哪一项的说法是错误的？

A.小动物看到狮子的犬齿就会被吓跑

B.狮子的侧牙比其他哺乳动物的要多

C.狮子的牙齿既可以帮助狮子捕猎，也可以帮助狮子咬碎食物

083.狮子会磨牙吗？

A.不会
B.会

084.狮子的颌部可以做什么？

A.灭蚊虫
B.制服猎物
C.吃东西

085.狮子的颌部合紧时，牙齿像什么？

A.螺丝钉
B.铁片
C.齿轮啮合

086.下列哪一项的说法是错误的？

A.磨牙会伤害牙釉质
B.狮子吃没有咀嚼烂的食物会不消化
C.狮子的颌部很有劲

087.下列哪一项不是拔掉胡须对狮子的影响？

A.影响外观
B.削弱感知能力
C.失去平衡感

088.狮子的胡须有什么作用？

A.测量工具
B.装饰
C.温度计

089.狮子的哪个器官可以感知周围的环境？

A.尾巴
B.胡须
C.鬃毛

090.下列哪一项的说法是错误的？

A.没有了胡须，狮子会没有安全感的
B.狮子的胡须就像是精密的仪器
C.狮子的胡须很长

091.狮子的哪个部位是用来保持平衡的？

A.耳朵
B.尾巴
C.鬃毛

092.狮子为什么在身上涂满大粪？

A.喜欢脏东西
B.好玩
C.掩盖自己身上的气味

093.狮子的尾巴是什么形状的？

A.苍蝇拍

B.圆形

C.环形

094.狮子的什么部位能使它在走路的时候不发出声音？

A.爪子

B.肉垫

095.狮子爪子的构造有什么特别之处？

A.很短

B.很黑

C.很宽

096.狮子爪子的缺点是什么？

A.力量不够大

B.不锋利

C.不够长

097.下列哪一项的说法是错误的？

A.狮子的爪子有 8 厘米长

B.狮子的脚掌功能跟狮子的生活习惯没有关系

C.狮子的后爪有 4 个脚趾

098.动物安家的原则是什么？

A.尽量生活在陆地上

B.喜欢在树上搭窝

C.选择自己喜欢且适宜的生活环境

099.狮子最喜欢生活在什么地方？

A.森林

B.草原

C.沙漠

100.草原能带给狮子什么便利？

A.可以吃野果

B.可以打滚儿

C.便于捕猎

101.下列哪一项是错误的？

A.老虎更适宜在森林中生活

B.狮子生来就在草原上生活

C.狮子的生活环境逐渐变小了

102.我们称成群的狮子为什么？

A.大家族

B.狮群

C.部落

103.在狮群中，谁负责安全？

A.幼狮

B.雌狮

C.狮群首领

104.什么样的环境促使狮子进行群居生活？

A.平坦的地形

B.崎岖的地形

C.狭小的空间

105.下列哪一项错误的？

A.狼、猎狗等动物也是群居动物

B.狮子并不喜欢群居生活，迫于无奈才一起生活

C.狮群经常一起捕猎

106.狮群中的首领是谁？

A.幼狮

B.能抵御外敌的雄狮

C.雌狮

107.为什么长大了的雄狮会被驱逐出去？

A.防止近亲繁殖

B.吃得太多

C.太懒惰

108.成年的雄狮可以整天和狮群呆在一起吗？

A.不可以

B.可以

109.下列哪一项的说法是错误的？

A.狮群是一个集体

B.狮群需要有一个首领来维持秩序

C.狮群中的狮子都是陌生的

110.狮群中没有哪个角色？

A.捕猎者

B.护卫

C.老师

111.什么狮子主要负责捕猎？

A.小狮子

B.雄狮

C.雌狮

112.下列哪一项的说法是错误的？

A.雄狮会在自己的领地上巡逻，来保卫狮群的安全

B.狮群中的幼狮主要是由雌狮哺育长大的

C.狮群中的首领主要负责捕猎

113.狮子的大声吼叫表达什么意思？

A.发怒

B.想睡觉

C.宣示自己的领地

114.狮子留下的气味暗示着什么？

A.这是狮子的地盘

B.这里可以随意往来

C.这里有美食

115.下列哪一项的说法是错误的？

A.狮子用自己的尿液来标记地盘

B.狮子宣示主权的方法很省事

C.狮子大声吼叫是为了吸引其他的动物

116.狮子怎么对待闯进它们领地的动物？

A.热情招待

B.赶走

C.不理会

117.狮子怎样标记自己的领地？

A.用尿液

B.画“三八线”

C.不标记

118.下列哪一项的说法是错误的？

A.有的小动物闻到狮子的气味就会自动走开

B.狮子不介意其他动物闯进它们的领地

C.成年的雄狮也会挑衅狮王的地位

119.狮子会攻击体形大的动物吗？

A.会

B.不会

120.下列哪种动物不是狮子的食物？

A.狒狒

B.老虎

C.羚羊

121.狮子吃腐肉吗？

A.不吃

B.吃

122.下列哪一项的说法是错误的？

A.狮子不害怕有蹄类的动物

B.狮子和老虎一样不吃腐肉

C.狮子会围攻一些体形大的动物

123.狮子吃草吗？

A.不吃
B.经常吃
C.偶尔吃

124.下列哪种动物不吃草？

A.狮子
B.狼
C.猫头鹰

125.下列哪一项的说法是错误的？

A.狮子是肉食性动物
B.狮子不吃草
C.狮子偶尔会吃草

126.下列哪种动物吃腐肉？

A.老虎
B.狮子
C.山羊

127.狮子会怎样处理吃不完的猎物？

A.藏起来
B.扔掉
C.给别的动物吃

128.狮子为什么会吃腐肉？

A.猎物少
B.不能消化新鲜的肉
C.天性

129.下列哪一项的说法是错误的？

A.腐肉就是变质的肉
B.狮子和老虎一样不吃腐肉
C.狮子会未雨绸缪，为自己的下一顿饭储藏食物

130.成年雄狮一顿吃下34千克以上食物后可以1周不进食吗？

A.可以
B.不可以

131.狮子每次吃完饭会找什么？

A.草
B.树
C.水

132.狮子可以很久不喝水吗？

A.可以
B.不可以

133.下列哪一项的说法是错误的？

A.狮子可以 1 周不进食
B.狮子的胃很小
C.狮子所吃的新鲜食物也会为狮子补充水分

134.下列哪一项不会是狮子的猎物？

A.斑马
B.野猪
C.老虎

135.狮子捕猎的主力是谁？

A.雌狮
B.雄狮
C.幼狮

136.狮子捕猎的时候会采用什么方式？

A.攻击一个方向
B.形成包围圈
C.单独捕猎

137.下列哪一项的说法是错误的？

A.雄狮一般不参与狩猎，但有时也会帮忙
B.雄狮的鬃毛会暴露自己的行踪
C.狮子一看到猎物立马就会扑上去

138.狮子一般会在什么时间捕猎？

A.上午
B.夜晚
C.下午

139.猎物充足的情况下，狮子捕猎通常会用多长时间？

A.10 个小时
B.15 分钟
C.3 小时

140.狮子在夜晚能看清猎物吗？

A.能
B.不能

141.下列哪一项的说法是错误的？

A.狮子在晚上捕猎是为了提高狩猎的成功率
B.狮子大部分时间都是在白天捕猎的
C.雄狮茂密的鬃毛更容易被猎物发现

142.下列哪一项不是雄狮不捕猎的理由？

A.鬃毛容易暴露自己
B.有保卫狮群的任务
C.懒惰

143.雌狮采用怎样的方式捕猎？

A.单独捕猎

B.集体围攻

C.站在树上捕猎

144.雌狮在狮群中不需要干什么？

A.巡逻

B.抚养幼狮

C.捕猎

145.下列哪一项的说法是错误的？

A.狮群中百分之九十的捕猎任务靠雌狮

B.雌狮会形成一个扇形包围圈，来围攻猎物

C.雄狮从来不捕猎

146.雄狮的主要任务是什么？

A.保卫家园

B.吃饭

C.睡觉

147.为什么雄狮一般不参与捕猎？

A.太懒了

B.雌狮不让雄狮参与

C.体形太大，不够灵活

148.雄狮通常会参与捕食下列哪种动物？

A.小动物

B.大型动物

C.鸟类

149.雄狮凭借什么捕食大型动物？

A.自己的吼叫

B.鬃毛

C.强大的力量和尖利的牙齿

150.什么样的天气有利于狮子捕猎？

A.无风

B.顺风

C.任何天气

151.下列哪一项的说法是错误的？

A.顺风的天气，猎物会嗅到狮子身上的气味

B.狮子会观天象

C.在合适的时机，狮子捕猎的成功率更高一点

152.在无风或逆风天气下，狮子通常会怎样捕猎？

A.对猎物紧追不舍，直至捉到猎物

B.隐藏在猎物后面伺机而动，将猎物扑倒

153.狮群进食时有“餐桌礼仪”吗?

A.没有

B.有

154.狮群中，最先进食的是谁?

A.小狮子

B.雌狮

C.雄狮

155.雌狮会和雄狮一起进食吗?

A.会

B.不会

156.下列哪一项的说法是错误的?

A.为了爱幼，狮子会让幼狮先进食

B.雄狮进食之后才会让别的狮子进食

C.狮群在进餐的时候会遵循“餐桌礼仪”

157.狮子捕捉到猎物后会怎么办?

A.藏起来

B.看着猎物

C.找个僻静的地方吃掉

158.狮子最先吃的是动物的什么部位?

A.后腿

B.内脏

C.前腿

159.狮子为什么要把动物胃里的东西掏出来?

A.不喜欢吃胃里的东西

B.埋起来下次吃

C.还是一个谜

160.下列哪一项的说法是错误的?

A.狮子进食的时候总是按照一定的顺序

B.狮子只有在猎物充足的时候才能填饱肚子

C.狮子为什么会把猎物胃里的东西掏出来还是一个谜

161.猫科动物都会爬树吗?

A.都不会

B.都会

C.部分猫科动物会

162.猫科动物爬树的优势在哪里?

A.长得胖

B.灵活的身体

C.眼睛圆

163.下列哪一项的说法是错误的?

A.狮子有时能爬上低矮的树

B.猫科动物天生拥有爬树的技能

C.狮子不爬树是因为狮子害怕鸟

164.下列哪种动物的游泳水平最高?

A.老虎

B.狮子

C.猫咪

165.“泳狮”生活在哪里?

A.沙漠

B.热带雨林

C.湿地

166.下列哪种因素会影响狮子的游泳水平?

A.水源

B.空气

C.温度

167.下列哪一项的说法是错误的?

A.大部分哺乳动物都会游泳

B.狮子通过学习也会游泳

C.通常狮子游泳技能要高于老虎

168.狮子平时是怎么走路的?

A.直立行走

B.靠四肢爬行

169.什么情况下,狮子会直立起身体?

A.睡觉时

B.吃饭时

C.打架的时候

170.下列哪种原因会导致狮子不能长久地直立?

A.狮子太懒了

B.后肢力量不足

171.下列哪一项的说法是错误的?

A.我们熟悉的老虎、豹子、猴子等动物也可以把前肢抬起来

B.狮子在攻击其他动物的时候会把前肢抬起来

C.狮子可以直立散步

172.狮子为什么要吼叫?

A.传递信息

B.吃饱了

C.为了排气

173.下列哪一项不是狮子吼声的意义？

A.挑衅

B.表示一切都好

C.为了愉悦自己的耳朵

174.下列哪一项不能用来形容狮子的吼声？

A.很有震撼力

B.低沉

C.声音很小

175.下列哪一项的说法是错误的？

A.狮子的吼叫是有规律的

B.雄狮想要占领其他狮子的领地就会睡大觉

C.狮子靠叫声来传递信息

176.要是有外来侵犯者，狮子会怎么办？

A.放任不管

B.跟它们打一架

C.热情招待

177.狮子之间会打架吗？

A.不会

B.会

178.长大的雄狮如何成为新的狮王？

A.通过与老狮王的决斗

B.继承

179.下列哪一项的说法是错误的？

A.新来的雄狮首领会伤害雌狮的幼崽

B.狮子为了生存会跟别的动物打架

C.狮子没事就会互相打架

180.狮子是怎么繁殖下一代的呢？

A.卵生

B.胎生

C.卵胎

181.雄狮和雌狮一天最多可以交配多少次？

A.100 次以上

B.2 次

C.50 次

182.下列哪一项的说法是错误的？

A.狮子交配的成功率很低

B.雌狮交配的时候一点儿都不疼

C.有时候狮子一天可以交配 100 次以上

183.雌狮一次一般能生几只幼狮?

A.10 只以上
B.只有 1 只
C.2 ~ 4 只

184.刚生下来的幼狮有什么特点?

A.身上有斑点
B.头部有白色条纹
C.头部有灰色条纹

185.幼狮只由幼狮的妈妈进行照顾这种说法对吗?

A.对
B.错，有时也由其他雌狮看管

186.幼狮的出生对狮群有什么好处?

A.更容易找到猎物
B.可以吸引猎物
C.有利于狮群的繁衍

187.狮群中雌狮的婚姻状态是怎么样的?

A.分批进行
B.几乎是同步的
C.雌狮不结婚

188.如果雌狮出去打猎了，谁会照它自己的幼狮?

A.雄狮
B.幼狮
C.其他的雌狮

189.没有生育的雌狮会照看幼狮吗?

A.会
B.不会

190.下列哪一项的说法是错误的?

A.幼狮是由几只雌狮共同喂养的
B.狮群中幼狮的年龄参差不齐
C.雌狮既能打猎，也能哺育小狮子

191.幼狮多大的时候可以吃肉?

A.4 周
B.6 个月
C.1 岁的时候

192.幼狮是怎样吃肉的?

A.自己吃
B.只吃整块的肉
C.由母亲回吐给幼狮

193.幼狮多大能断奶？

A.6 个月

B.4 周

C.1 岁

194.下列哪一项的说法是错误的？

A.幼狮都是在雌狮的帮助下进食的

B.幼狮断奶之后，会跟着雌狮出去打猎

C.幼狮只能吃雌狮的乳汁

195.幼狮与成年狮谁的体形更大一些？

A.幼狮大

B.成年狮大

196.成年狮捕猎的利器是什么？

A.尾巴

B.眼睛

C.牙齿

197.雄狮长大后会怎样？

A.离开狮群

B.胆子更小

C.吃得更少

198.下列哪一项的说法是错误的？

A.幼狮和成年狮之间有很多区别

B.幼狮身上多了一种责任

C.只有挑战成功的雄狮才能留在狮群做首领

199.下列哪一自然环境因素主要影响着幼狮的生存？

A.猎物的多少

B.天气的变化

C.树木的多少

200.成年的雄狮为什么要杀死幼狮？

A.幼狮患病了

B.它们遇到了天敌

C.为了使雌狮臣服

201.下列哪一项不是幼狮成活率低的影响因素？

A.自然因素

B.成年雄狮的威胁

C.雌狮抛弃幼狮

202.下列哪一项的说法是错误的？

A.雌狮会杀了幼狮

B.幼狮的成活率很低

C.大部分的幼狮都活不过 2 岁

203.幼狮什么时候能够独立捕食?

A.2 岁
B.18 岁
C.2 个月

204.幼狮通常跟着谁学习捕猎?

A.雌狮
B.成年雄狮
C.自学

205.下列哪一项的说法是错误的?

A.幼狮 2 岁就要开始独立捕食了
B.幼狮可以一直在雌狮怀里撒娇
C.幼狮必须学会独立捕食，才能在自然界中生存下去

206.狮子多大的时候才有能力挑战首领?

A.6 岁以上
B.2 岁
C.3 岁

207.幼狮被杀不利于什么?

A.首领的统治
B.雌狮的归顺
C.狮群数量的延续

208.下列哪一项的说法是错误的?

A.幼狮会面临被成年狮子杀掉的危险
B.成年的雄狮会杀掉自己的孩子
C.杀掉雌狮前任幼狮，这是新晋首领的一种手段

209.一般情况下，下列哪种狮子会留在原来的狮群中?

A.雌狮
B.雄狮
C.战败的狮子

210.狮子离家出走之后会做什么?

A.睡觉
B.捕猎
C.建立新的领地

211.关于狮子离家出走的行为下列哪一项的说法是正确的?

A.一次“独立宣言”
B.一时兴起
C.是动物本能

212.下列哪一项的说法是错误的?

A.雌狮可以不用离家出走
B.狮群中的狮子不舍得成年的狮子走
C.成年的雄狮可以和草原上其他的狮子组成一个新的狮群

213.谁的身体发育得比较慢？

A.雌狮

B.雄狮

C.幼狮

214.雌狮几岁的时候可以寻找配偶？

A.5 岁

B.2 岁

C.10 岁

215.下列哪种狮子会在寻找配偶时比较挑剔？

A.雌狮

B.雄狮

C.幼狮

216.下列哪一项的说法是错误的？

A.狮子寻找配偶也要遵循自然规律

B.雌狮的身体发育得比雄狮快

C.雌狮在狮群中的地位很高

217.下列哪种狮子的寿命长一点儿？

A.雌狮

B.雄狮

218.大部分雌狮可以活多久？

A.30 岁左右

B.10 岁左右

C.17 岁左右

219.生活在下列哪种环境中的狮子更可能活到 34 岁？

A.动物园里的狮子

B.草原上的狮子

C.热带地区的狮子

220.下列哪一项的说法是错误的？

A.自然环境才是狮子的家

B.雄狮面临的危险比较多

C.相较于雄狮，雌狮的寿命很短

221.狮子有天敌吗？

A.有

B.没有

222.狮子不是哪种动物的天敌？

A.飞鸟

B.羚羊

C.野牛

223.人类对待狮子的态度是什么？

A.厌恶

B.中立

C.保护狮子的意识增强

224.下列哪一项的说法是错误的？

A.人类一直在破坏狮子的生活环境，从不保护狮子

B.狮子没有天敌

C.狮子是草原上的霸主

225.全世界范围内有多少种狮子？

A.10 ~ 11 种

B.12 ~ 13 种

C.13 ~ 14 种

226.像亚洲狮、欧洲狮等是按照什么命名的呢？

A.狮子的主要生活地区

B.狮子的起源地

C.人类随意命名

227.巴巴里狮又叫什么？

A.非洲狮

B.北非狮

C.刚果狮

228.下列哪一项的说法是错误的？

A.我们要保护狮子

B.刚果生活着各种各样的狮子

C.狮子的所有种类都存活着

229.下列哪种狮子没有灭绝？

A.开普狮

B.欧洲狮

C.亚洲狮

230.《荷马史诗》中描述的是下列哪种狮子？

A.巴巴里狮

B.欧洲狮

C.亚洲狮

231.下列哪种是狮子中体重最重的一个亚种？

A.开普狮

B.欧洲狮

C.巴巴里狮

232.下列哪一项的说法是错误的？

A.关于开普狮灭绝的时间有很多说法

B.欧洲狮现在生活在北欧

C.一些巴巴里狮在动物园里还可以看到

233.下列哪些地区是刚果狮的栖息地？

A.纳米比亚、智利

B.赞比亚、博茨瓦纳

C.津巴布韦、菲律宾

234.刚果狮生活的地区降水量有多少？

A.250 ~ 500 毫米

B.500 ~ 2000 毫米

C.250 ~ 1500 毫米

235.下列哪一项的说法是正确的？

A.刚果狮的嘴巴很大

B.刚果狮的尾巴尖有一簇深色长毛

C.刚果狮的牙齿很多

236.安哥拉狮是以什么命名的？

A.地名

B.随意命名

C.气候

237.安哥拉狮主要生活在哪里？

A.水里

B.高原上

C.丘陵

238.安哥拉狮的脸形是什么样的？

A.圆脸

B.瓜子脸

C.“国”字脸

239.安哥拉狮尾巴上的圆球是什么呢？

A.茸毛

B.骨头

C.皮肉

240.最先发现斑点狮的是哪里的人？

A.美洲

B.亚洲

C.非洲

241.斑点狮最后出现在哪一年？

A.1904 年

B.1931 年

C.1950 年

242.斑点狮生活在多高的地方？

A.海拔 2000 米

B.海拔 3000 米

C.海拔 4000 米

243.斑点狮最大的斑点直径是多少？

A.4.5 厘米
B.5.5 厘米
C.4 厘米

244.欧洲狮就是希腊狮吗？

A.是
B.不是

245.古希腊钱币上有什么图案？

A.老虎的头像
B.欧洲狮的头像
C.人的头像

246.为什么用古希腊的国名给这种狮子命名？

A.因为这个名字好听
B.因为这个名字好记
C.因为古希腊文明具有代表性

247.下列哪一项不是欧洲狮的主要活动区域？

A.意大利
B.法国北部
C.希腊

248.肯尼亚狮主要生活在哪里？

A.肯尼亚西部
B.肯尼亚东部
C.肯尼亚南部

249.下列哪种狮子可以在海拔 5000 米左右的地方生存？

A.东非狮
B.肯尼亚狮
C.亚洲狮

250.2009 年，肯尼亚还有多少只狮子？

A.不足 2800 只
B.不足 1000 只
C.不足 500 只

251.喀麦隆狮主要生活在哪里？

A.喀麦隆
B.新加坡
C.中国

252.喀麦隆狮的名字是怎么来的？

A.因为它们身上的花纹写着喀麦隆
B.因为它们只分布在喀麦隆
C.因为它们主要分布在喀麦隆

253.喀麦隆狮最重要的特征是什么？

A.长长的鬃毛

B.威严的表情

C.下颌的短胡子和长触须都是白色的

254.南非狮又叫什么？

A.克鲁格狮

B.非洲狮

C.东非狮

255.现存的南非狮有多少只？

A.1000 多只

B.2000 多只

C.3000 多只

256.东北虎和南非狮谁的体形更大？

A.东北虎大

B.南非狮大

C.一样大

257.历史上曾经存在的体形最大的狮子是谁？

A.穴狮

B.东非狮

C.南非狮

258.穴狮的名字是怎么来的？

A.因为它们身上有洞

B.因为它们主要住在洞里

C.因为它们身上有穴位

259.穴狮又叫什么？

A.欧洲穴狮成欧亚穴狮

B.欧美穴狮

C.北欧雄狮

260.马赛狮就是东非狮吗？

A.是

B.不是

261.在狮子的审美体系中，下列哪种狮子是最帅的？

A.鼻子很长的

B.头大、鬃毛茂盛的

C.眼睛很大的

262.马赛狮的主要特征是什么？

A.鼻子很长很高，鼻头是黑色的

B.鼻头是白色的

C.鼻子较短

263.开普狮又叫什么?

A.好望角狮
B.东非狮
C.南非狮

264.下列哪种狮子是世界上体形第二大的狮子?

A.马赛狮
B.开普狮
C.东非狮

265.开普狮会袭击人类吗?

A.会
B.不会

266.人们为什么猎杀开普狮?

A.因为它们的皮毛很值钱，且它们经常偷吃当地的牲畜
B.因为它们的肉很美味
C.因为它们的叫声很难听

267.维多利亚湖为狮子提供了怎样的便利?

A.充足的水源
B.充足的食物
C.良好的沐浴场所

268.下列哪种狮子生活在维多利亚湖的北岸?

A.东非狮
B.刚果狮
C.肯尼亚狮

269.为什么维多利亚湖的北岸生活着很多狮子呢?

A.因为这里地形平坦、淡水资源调节了沿岸环境，湖岸线比较长，分布着丰富的动植物
B.因为这里的海洋性气候比较适合狮子

270.为什么说维多利亚湖适合狮子在这里生活?

A.因为这里环境适宜、物种丰富、人与野生动物的冲突不明显
B.因为这里物种之间的竞争激烈，激发了狮子这一物种的生存能力

271.世界上只有非洲才有狮子吗?

A.是
B.不是

272.亚洲狮分布在亚洲的哪个地区?

A.亚洲多数地区
B.印度境内
C.中国境内

273.印度国徽上的亚洲狮图案已经有多少年的历史了？

A.2000 年左右

B.上万年

C.400 年左右

274.罗斯福是谁？

A.美国历史上的一位总统

B.英国历史上的一位首相

C.法国历史上的一位总统

275.埃塞俄比亚狮又叫什么？

A.罗斯福狮

B.阿比尼亚狮

C.阿尔尼亚狮

276.罗斯福狮和美国总统罗斯福有关系吗？

A.有关

B.无关

277.为什么要用罗斯福的名字为埃塞俄比亚狮子命名？

A.因为好听

B.因为时任美国总统的罗斯福通过租借法案援助了埃塞俄比亚

C.因为罗斯福要求的

278.狮子的吼声可以传播多远？

A.一两千米

B.四五千米

C.八九千米

279.现在世界上可以搜寻到的西非狮有多少只？

A.20 只左右

B.200 只左右

C.2000 只左右

280.人类从什么时候开始猎杀狮子？

A.14 世纪

B.15 世纪

C.16 世纪

281.索马里狮的体色是什么颜色的？

A.褐色的

B.偏红色

C.黑色的

282.为什么索马里的一位官员会引起大家的关注？

A.因为他提出了保护索马里狮的主张

B.因为他喜欢索马里狮

C.因为他饲养了索马里狮

283.下列哪一项中的做法无法保护狮子？

A.减少捕猎
B.改善生态环境
C.植树造林

284.下列哪一项的说法是正确的？

A.索马里有索马里狮
B.索马里的动物都要灭绝了
C.人们见到了索马里海怪

285.现在的狮子是如何进化而来的？

A.是从小猫进化而来的
B.是穴狮逐渐发展分化出来的
C.是老虎变成的

286.目前世界上还存在穴狮吗？

A.存在
B.不存在
C.尚未有定论

287.我们应该怎么看待穴狮的存在与否？

A.消极看待
B.不闻不问
C.严谨的态度

288.卡拉哈里狮厚实的鬃毛有什么好处？

A.好看
B.不易被天敌发现
C.可以隔热和防止水分蒸发

289.为了减少对水分和食物的需求，卡拉哈里狮在进化中发生了什么变化？

A.脂肪更少
B.骨骼和身材更小
C.尾巴更短

290.卡拉哈里狮平时可以吃羚羊吗？

A.可以
B.不可以

291.下列哪一项不是卡拉哈里狮的食物？

A.鸵鸟
B.骆驼
C.鱼

292.下列哪一项不是出现白狮子的原因？

A.因为基因突变
B.因为白化病
C.染色的结果

293.下列哪一项不是白狮子被邀请到各地表演的原因？

A.因为白色的狮子迎合了人类的审美

B.因为白色的狮子更受人类的欢迎

C.因为白狮子比一般的狮子更擅长表演

294.白狮子多数都生活在哪个地区？

A.非洲南部低地

B.非洲南部高原

C.非洲东部山地

295.狮子属于下列哪科动物？

A.犬科

B.虎科

C.猫科

296.狮子的哪个亲属身体敏捷？

A.老虎

B.豹

C.美洲豹

297.下列哪种动物不是狮子的亲戚？

A.熊猫

B.老虎

C.狮虎兽

298.下列哪一项的说法是错误的？

A.狮子和老虎住得很远

B.美洲虎既不是虎也不是豹

C.美洲豹是最大的猫科动物

299.下列哪一项中的动物都是猫科动物？

A.老虎、狮子

B.豹、狗

C.熊猫

300.咬合力可以衡量动物的什么能力？

A.捕食功能和凶猛程度

B.敏捷程度和寿命

C.凶猛程度和寿命

301.猫科动物中，咬合力最强的是下列哪种动物？

A.豹子

B.美洲虎

C.狮子

302.动物园里的猛兽咬合力强吗？

A.不强

B.强

303.狮子和老虎谁更厉害呢？

A.狮子
B.老虎
C.需分情况来看

304.为什么说“一山不容二虎”？

A.因为老虎是“独行侠”，喜欢单独行动
B.因为山太小，放不下两只老虎
C.因为老虎的数量太少，山的数量太多

305.老虎和狮子单独打斗时，谁更厉害？

A.狮子
B.老虎

306.为什么老虎和狮子的习性有很大差别？

A.因为它们生活的环境不同
B.因为它们的个性不同
C.因为它们要遵守规则

307.豹和狮子都是猫科动物吗？

A.是
B.不是

308.狮子属于科学分类中的哪个属？

A.狮子属
B.老虎属
C.豹属

309.豹通常有鬃毛吗？

A.有
B.没有

310.狮子身上有花纹吗？

A.有
B.没有
C.一般没有，只有斑点狮有

311.猎豹最突出的特点是什么？

A.眼睛下面的泪痕
B.长长的尾巴
C.修长的身材

312.狮子和老虎相比，谁和猎豹的亲属关系比较近？

A.狮子
B.老虎
C.要分情况

313.下列哪一项的说法是错误的？

A.猎豹是豹的一种

B.老虎、猎豹和狮子都有夸张的鬃毛

C.狮子和猎豹的生活范围很广

314.猎豹、狮子和老虎相比，谁的智商最高？

A.老虎最高

B.狮子最高

C.猎豹最高

315.云豹名字是怎么来的？

A.因为它们喜欢云朵

B.因为它们会腾云驾雾

C.因为它们身上有云朵一样的花纹

316.云豹主要生活在哪里？

A.亚洲大部分地区

B.亚洲的东南部

C.亚洲的西南部

317.下列哪种动物可能是云豹的近亲？

A.华南虎

B.东北虎

C.印度虎

318.动物生存发展的唯一途径是什么？

A.捕猎

B.繁育

C.进化

319.下列哪一项不是不同动物之间繁育的好处？

A.提供了动物继续发展的一种可能性

B.丰富了动物的多样性

C.优化了动物的基因

320.猫科豹属动物中体形最大的是什么动物？

A.狮虎兽

B.狮子

C.老虎

321.下列哪一项的说法是错误的？

A.狮虎兽的成活率很低

B.狮虎兽的寿命很短

C.狮虎兽有很多

001	002	003	004	005	006	007	008	009	010	011	012	013	014	015	016
A	C	B	A	C	A	A	B	A	A	B	C	B	A	B	C
017	018	019	020	021	022	023	024	025	026	027	028	029	030	031	032
A	B	B	A	A	C	A	A	C	B	A	B	C	A	C	B
033	034	035	036	037	038	039	040	041	042	043	044	045	046	047	048
A	C	A	C	B	A	B	A	C	A	B	C	C	B	A	B
049	050	051	052	053	054	055	056	057	058	059	060	061	062	063	064
B	A	C	A	B	B	C	A	B	B	C	B	C	B	B	A
065	066	067	068	069	070	071	072	073	074	075	076	077	078	079	080
B	C	A	B	B	C	A	C	A	A	A	C	A	B	C	B
081	082	083	084	085	086	087	088	089	090	091	092	093	094	095	096
C	B	A	B	C	B	C	A	B	C	B	C	A	B	C	A
097	098	099	100	101	102	103	104	105	106	107	108	109	110	111	112
B	C	B	C	B	B	C	A	B	B	A	A	C	C	C	C
113	114	115	116	117	118	119	120	121	122	123	124	125	126	127	128
C	A	C	B	A	B	A	B	B	B	C	C	B	B	A	A
129	130	131	132	133	134	135	136	137	138	139	140	141	142	143	144
B	A	C	A	B	C	A	B	C	B	C	A	B	C	B	A
145	146	147	148	149	150	151	152	153	154	155	156	157	158	159	160
C	A	C	B	C	A	B	B	B	C	B	A	C	B	C	A
161	162	163	164	165	166	167	168	169	170	171	172	173	174	175	176
C	B	C	A	C	A	C	B	C	B	C	A	C	C	B	B
177	178	179	180	181	182	183	184	185	186	187	188	189	190	191	192
B	A	C	B	A	B	C	A	B	C	B	C	A	B	A	C
193	194	195	196	197	198	199	200	201	202	203	204	205	206	207	208
A	C	B	C	A	B	A	C	C	A	A	A	B	A	C	B
209	210	211	212	213	214	215	216	217	218	219	220	221	222	223	224
A	C	A	B	B	B	A	C	A	C	A	C	B	A	C	A
225	226	227	228	229	230	231	232	233	234	235	236	237	238	239	240
C	A	B	C	C	B	C	B	B	C	B	A	B	C	B	C
241	242	243	244	245	246	247	248	249	250	251	252	253	254	255	256
B	B	A	A	B	C	B	A	B	A	A	C	C	A	B	A
257	258	259	260	261	262	263	264	265	266	267	268	269	270	271	272
A	B	A	A	B	A	A	B	A	A	B	C	A	A	B	B
273	274	275	276	277	278	279	280	281	282	283	284	285	286	287	288
A	A	A	A	B	C	A	C	B	C	C	A	B	C	C	C
289	290	291	292	293	294	295	296	297	298	299	300	301	302	303	304
B	B	C	C	C	A	C	B	A	C	A	A	B	B	C	A
305	306	307	308	309	310	311	312	313	314	315	316	317	318	319	320
B	A	A	C	B	C	A	C	B	C	C	B	A	B	C	A
321															
C															

狮虎兽是狮子和老虎交配之后产
下的动物。

由于狮子勇敢威猛，许多人选
择狮子作为雕塑对象。

鬣狗是狮子讨厌的动物，会和狮子争抢腐肉。

豹是狮子的亲戚，它们是速度和力量的化身。

亚洲狮的体形要小一些。

南非狮现在聚集在南非克鲁格国家公园，体形庞大。

卡拉哈里狮生活在南非的卡拉哈
里沙漠中。

马赛狮的鼻子很长很高，鼻头
是黑色的。

狮子们只有在自己的身体发育成熟之后，才会挑选配偶。

安哥拉狮的脸型比较宽，就像我们常说的“国”字脸。

在交配的时候，雄狮会咬雌狮的颈部。

雌狮每次可以生下 2 ～ 4 只小狮子。

白色狮子的数量并不多，它们多数是格鲁吉亚狮的变种。

雄狮们会通过“决斗”选出狮群中的领袖。

狮群的捕食对象很广泛，连擅长
奔跑的羚羊也不例外。

狮子们对腐肉也有一番热爱。

狮子的爪子比一般动物的爪子要宽。

狮子们通常以群为单位在一起生活。

狮子的尾巴可帮助保持身体平衡。

狮子的脚掌上长有肉乎乎的脚垫。

Mr. Know All

从这里，发现更宽广的世界……

Mr. Know All

小书虫读科学